好氧颗粒污泥的培养及处理实际废水稳定性

龙 焙 程媛媛 著

北 京

冶 金 工 业 出 版 社

2023

内 容 提 要

本书着重介绍水处理微生物的快速好氧颗粒化方法及好氧颗粒污泥处理实际废水的稳定性，包括三种好氧颗粒污泥的快速培养策略及其处理四种实际废水的应用效果，涉及选择压法、晶核理论及胞外聚合物假说，以及同步硝化反硝化、同步脱氮除磷等生化反应原理。该专著注重介绍好氧颗粒污泥反应器的启动及应用中的研究方法及解决问题的思路，使读者深入了解好氧颗粒污泥这种高效废水生物处理技术的优势，为我国水环境治理及污水节能减排工作的推进提供一种新选择。

本书可作为高等院校市政工程及环境工程专业的师生教学及科学研究使用，也可供从事污水处理行业的工程技术及研发人员借鉴与参考。

图书在版编目 (CIP) 数据

好氧颗粒污泥的培养及处理实际废水稳定性/龙焙，程媛媛著 . — 北京：冶金工业出版社，2021. 1（2023. 9 重印）
ISBN 978-7-5024-8511-5

Ⅰ.①好…　Ⅱ.①龙…　②程…　Ⅲ.①废水处理—好氧分解—研究
Ⅳ.①X703. 1

中国版本图书馆 CIP 数据核字（2020）第 153604 号

好氧颗粒污泥的培养及处理实际废水稳定性

出版发行	冶金工业出版社	**电　话**	（010）64027926
地　址	北京市东城区嵩祝院北巷 39 号	**邮　编**	100009
网　址	www. mip1953. com	**电子信箱**	service@ mip1953. com

责任编辑　徐银河　耿亦直　美术编辑　彭子赫　版式设计　禹　蕊
责任校对　卿文春　责任印制　窦　唯
北京捷迅佳彩印刷有限公司印刷
2021 年 1 月第 1 版，2023 年 9 月第 2 次印刷
710mm×1000mm　1/16；9. 75 印张；4 彩页；199 千字；144 页
定价 68. 00 元

投稿电话　（010）64027932　投稿信箱　tougao@cnmip. com. cn
营销中心电话　（010）64044283
冶金工业出版社天猫旗舰店　yjgycbs. tmall. com
（本书如有印装质量问题，本社营销中心负责退换）

前　言

　　生物法是废水处理的主流工艺方法，相比于物化法具有成本低、反应条件温和等优点。但随着人们环保意识的增强及国家对污水处理要求的不断提高，传统的生物处理技术，如活性污泥法、生物膜法等逐渐难以达到技术性与经济性的良好统一。随着各行各业节能减排工作的深入及污水处理厂提标改造工程的推进，传统生物处理工艺占地面积大、污泥处置成本高等问题愈发明显。在这种形势下，随着好氧颗粒污泥（aerobic granular sludge，AGS）逐渐被人们认识，高效废水生物处理技术的开发有了解决途径，经过近三十年的发展，AGS 技术已成功实现了小范围的工程化应用，有限的工程实践结果表明 AGS 技术确实可显著降低土建及运行费用、并表现出良好的污染物去除效果，因而被认为是极具发展前景的废水生物处理技术。

　　目前，全球范围内已有三十多个 AGS 实际工程案例，相信随着技术的进步，国内亦会出现多个实际工程案例。然而，技术发展的同时我们仍要正视存在的问题，其中 AGS 的形成条件苛刻且稳定性不足是制约该技术发展的主要瓶颈。对此，作者首先总结了 AGS 技术的研究进展（第 1 章）；其次，在多年研究的基础上，介绍了三种好氧颗粒污泥的快速培养策略，即：通过弹性填料上附着态生物膜向 AGS 的转化促进好氧颗粒化进程（第 2 章）；培养过程中投加部分厌氧颗粒污泥促进 AGS 形成（第 3 章）；培养过程中投加部分好氧颗粒污泥加速好氧颗粒化进程（第 4 章、第 5 章）；介绍了利用培养出的 AGS 对污泥深度脱水液（第 6 章、第 7 章）、溶剂回收残液（第 8 章）、苯甲酸苄酯废水（第 9 章）及化粪池污水（第 10 章）的处理效果，并考察了实际废水下 AGS 的稳定性，旨在为 AGS 的工程化应用提供技术支持。

　　本书涉及的项目获得了江西省青年科学基金项目（20181BAB216026）、2018 年国家级大学生创新创业训练计划项目（201810407005）及江西省教育厅科技项目（GJJ150627）的资助。在编写过程中，得到了江西理工大学刘祖文教授、朱易春副教授、李新冬副教授、严群副教授、成先雄副教授、王华生副教授、张继忠老师、董姗燕老师、连军锋老师及秦欣欣老师的悉心指导，以及江西理工大学硕士研究生赵珏、宣鑫鹏、张立楠、张斌超、曾玉、曾敏静、左华伟、黄思浓、林树涛等同学的通力协助，特此一并向他们致谢。

　　限于编者水平，文中尚有许多不足之处，书中存在的缺点和错误，敬请读者们批评指正。

作　者

2020 年 4 月

目　录

1 绪　　论

好氧颗粒污泥（AGS，aerobic granular sludge）于 1991 年第一次在连续流上流式好氧污泥床反应器（AUSB，aerobic upflow sludge bed reactors）中被发现[1]，但由于该反应器运行条件十分苛刻，在随后的数年间并未引起足够的重视。直到 1997 年 AGS 首次在序批式反应器（SBR，sequencing batch reactor）中被成功培养出[2]，才让人们真正认识到了这种极具工程前景的污水处理新技术。近三十年来，国内外学者对 AGS 的理化特性、好氧颗粒化的影响因素、形成机理及水处理应用等方面开展了大量的研究，取得了许多积极的成果[3]。

1.1　AGS 的定义及理化特性

1.1.1　定义

AGS 是微生物在一定环境下自发凝聚、增殖而形成的颗粒状生物聚合体（见图 1-1），它具有许多活性污泥难以比拟的优点[4]，如致密的结构、良好的沉降性能、能承受较高容积负荷（OLR，organic loading rate）、单级同步脱氮除磷、高耐毒性等。得益于这些优点，AGS 已成为废水处理领域的研究热点，并被认为是极具发展前景的高效废水生物处理技术。根据内部菌群组成不同，AGS 可分为异养 AGS 及自养 AGS。目前，自养 AGS 的研究成果还十分有限，故本文的主要研究对象为异养 AGS。

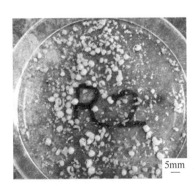
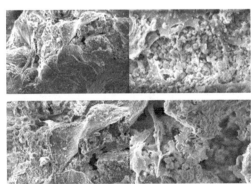

图 1-1　好氧颗粒污泥

1.1.2　理化特性

1.1.2.1　宏观形态

　　表征 AGS 宏观形态的指标有颜色、形状、粒径等。成熟的 AGS 轮廓清晰、表面光滑，形状为球形或椭球形（图 1-2）等。不同类型污水所培养出的 AGS 的颜色差异较大，通常实验室内以模拟污水为基质所培养出的 AGS 多为淡黄色、橙黄色或黄色；而实际废水培养或驯化出的 AGS 的颜色相差较大，除黄色外还有黄红色[5]、深褐色[6]、黑褐色[7]等。对于多大粒径的污泥可以视为 AGS 的量度尚没有统一标准，De Kreuk 等人[8]认为 AGS 的最小粒径为 0.2mm，Tiwari 等人[9]将粒径大于 0.34mm 的污泥视为厌氧颗粒污泥，Long 等人[10]将粒径大于 0.3mm 的污泥视为 AGS，而 Ivanov 等人[11]将 0.5mm 的污泥视为 AGS。可见，大多研究者将粒径大于 0.3mm 的污泥视为 AGS。当然，不同运行条件下所形成的 AGS 的粒径差别较大，一般在 0.2~5mm 之间。

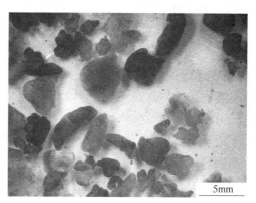

5mm

图 1-2　形状不规则的 AGS（彩色图参见文后图 1）

1.1.2.2　沉降性能

　　表征 AGS 沉降性能的指标有 SV_{30}/SV_5、SVI 及沉降速度等。活性污泥的沉降速度通常小于 10m/h，而 AGS 的沉降速度要明显大于活性污泥的沉降速度（图 1-3），其值常在 25~70m/h 之间[4]。SVI 是用来评价活性污泥沉降性能的常用指标，它能及时地反映出活性污泥的松散程度和凝聚性能，正常的活性污泥的 SVI 处于 50~120mL/g 之间。研究[4]表明稳定的 AGS 的 SVI 通常在 20~90mL/g 之间，这意味着相同质量的 AGS 所占的体积要远远小于活性污泥。SV 大致反映了生物反应器中的污泥量，它的变化还可以及时地反映出污泥是否发生膨胀等异常情况。研究表明[12]：成熟 AGS 的 SV_{30} 与 SV_5 的偏差小于 10%，因而可作为判断 AGS 是否稳定及沉降性能好坏的定性指标。

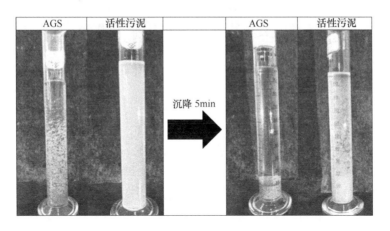

图 1-3　AGS 及活性污泥沉降性能对比（彩色图参见文后图 2）

1.1.2.3　胞外聚合物

胞外聚合物（EPS，extracelluler polymer substances）是微生物细胞为抵抗外界不利因素影响而分泌的黏性物质，它有利于细胞之间相互聚集，影响污泥的絮凝沉降性能、脱水性能、表面特性等，并对 AGS 的稳定性有重要影响[13]。EPS的成分较复杂，包括多聚糖（PS）、蛋白质（PN）、核酸和脂类，一般可用 PS 及 PN 二者含量之和代表其含量。根据结合程度可分为松散结合型 EPS（LB-EPS）及紧密结合性 EPS（TB-EPS）。污泥的颗粒化过程中常会监测到 EPS 含量的增大，但不同运行条件下 AGS 的 EPS 含量及 PN/PS 比值相差较大，如小试 SBR 中以低 C/N 比模拟废水培养出 AGS 的 EPS 含量及 PN/PS 分别为 106.70mg/g MLVSS 及 2.51[14]；而同样是模拟污水及小试 SBR，但所培养出的 AGS 的 EPS 含量及 PN/PS 比值分别为 384.45mg/g MLVSS 及 0.24[15]。对于 EPS 中的不同组分对好氧颗粒化进程及 AGS 稳定性的影响目前并无统一结论，甚至出现研究结果相悖的情况。通过测定 AGS 形成过程中 PS 及 PN 的含量变化，Liu 等[16]认为 PS 对 AGS 的形成及稳定性起主导作用，而也有研究者[17]发现 PN 对好氧颗粒化及 AGS 的稳定性保持起到了更重要的作用。同样，不同类型的 EPS（LB-EPS 及 TB-EPS）对AGS 的结构稳定性亦有决定性影响[18,19]。

1.1.2.4　含水率及细胞表面疏水性

稳定的 AGS 的含水率一般为 97%~98%，要远低于传统活性污泥的含水率（常在 99% 以上），这主要得益于 AGS 内含有大量疏水性物质（如 EPS、无机盐等[20,21]）及疏水性细胞。因此，在同等干重的情况下，AGS 所占的体积比活性污泥至少减少一半。细胞表面疏水性指标是调节细菌与疏水性底物及细胞之间相互作用的重要参数[22]。从热力学角度分析，细胞疏水性能的增加能够降低细胞表面自由能，促使细胞聚集。研究[23]表明，AGS 的细胞表面疏水性要远高于活性污泥，且污泥好氧颗粒化过程中常伴随着细胞表面疏水性的增大。

1.1.2.5　生物活性

AGS 的生物活性主要以比耗氧速率（SOUR, specific oxygen uptake rate）来衡量。SOUR 是指单位质量的污泥在单位时间内所消耗的 DO 量，表征了微生物的生化代谢的快慢。SOUR 是一个评价 AGS 生物活性变化，尤其在处理有毒废水时很有实际意义的指标。Zhang 等人[24]考察了利用苯酚培养出的 AGS 对三氯乙烯、苯酚等的共代谢效果，发现不同粒径范围内颗粒污泥的 SOUR 相差较大（54~116mg/gh），且粒径在 0.15~0.30mm 范围内的颗粒对三氯乙烯具有最大降解速率，因此，推测必定存在一个能实现最佳共代谢作用的粒径范围。已报道的 AGS 的 SOUR 变化范围较宽，一般以异养菌为主的 AGS 的 SOUR 要明显高于自养菌为主的 AGS[25]。

1.1.2.6　微观形貌及生物相

通过现代分析检测技术（荧光原位杂交、激光共聚焦、高通量测序等）发现 AGS 内部具有丰富的生物相[26]，具体微生物有球菌、长短不一的杆菌、丝状真菌、原生动物等，具体的种群分布则与颗粒的结构及所使用的基质密切相关，但主要为细菌及古菌。受传质影响，AGS 内微生物呈现出特殊的空间分层结构，普遍认为 EPS 构成了颗粒的骨架，大量微生物包裹在其周围，颗粒外层由异养菌及好氧氨氧化细菌（AOB）组成[27,28]，其中，AOB 主要分布在 AGS 表面以下 70~100μm 区域内[29]；内部主要由兼性细菌、厌氧菌、死细胞及无机物组成，研究表明厌氧菌主要分布在颗粒表面以下 800~900μm 区域[30,31]。

1.2　好氧颗粒化的影响因素

1.2.1　接种污泥

可用于 AGS 培养的种泥很多，包括活性污泥、厌氧颗粒污泥、成熟 AGS、解体或破碎的 AGS 以及它们之间的混合物。研究表明，接种污泥的种类对 AGS 的形成过程有重要影响[32~34]。絮状活性污泥接种污泥时，好氧颗粒化过程包括：分散状态的细菌首先相互碰撞，经过可逆黏附或不可逆黏附，随着微生物的不断生长最终形成 AGS。厌氧颗粒污泥接种污泥时，好氧颗粒化过程涉及到专性厌氧菌向兼氧或好氧菌的菌群演替[35]，并常常会观察到明显的颗粒的解体及重新颗粒化过程[36]。由于 AGS 尚属"稀缺资源",接种成熟 AGS 进行颗粒污泥的培养的研究还比较少,但已证实可加速 AGS 的形成。

1.2.2 底物组成

已报道的可用于 AGS 培养的基质的有机物非常宽泛[4],如乙醇、果汁、葡萄糖、淀粉、苯酚、乙酸钠、蛋白胨、啤酒、蔗糖、牛肉膏等。然而,碳源类型对培养出的 AGS 的微观结构会有影响[37~39],如以醋酸盐为底物会培养出结构紧凑、内部以杆菌为主的 AGS,而葡萄糖培养出的 AGS 常会含有大量丝状菌,并容易发生丝状菌膨胀[37]。随着研究的深入,实际工业废水、市政污水、生活污水,甚至无机废水都已成功培养出 AGS[40]。另外,在基质中添加一定量的多价阳离子,如 Ca^{2+}、Mg^{2+}、Fe^{2+}、Fe^{3+}、Zn^{2+} 等与带负电荷的细胞表面相互吸附、促进细胞之间的自凝聚,从而加速颗粒化的进程[41,42]。

1.2.3 反应器结构

目前,绝大多数的 AGS 反应器都采用柱状的上流式构型设计[3,4],并采用较大的高径比(H/D 一般为 4~24),有关连续流反应器中 AGS 的培养及稳定运行的研究很少。SBR 及 SBAR 是最常用两种序批式 AGS 反应器(AGSBR)形式,而研究[43]亦表明 AGSBR 为 AGS 的形成提供了理想的环境,其中,AGSBR 同时具有空间上的完全混合以及时间上理想的推流环境,这是其他生物反应器无法比拟的。当柱状反应器采用较大的 H/D 比时,其内部的混合液与上升的气流会形成连续、均匀的环状流和局部涡流,使得反应器中的所有污泥始终处于一定的水力剪切力作用下,从而有利于 AGS 的形成。相比之下,传统的完全混合式反应器或推流式反应器中的微生物只是受到无序、随机的水力摩擦与碰撞(图1-4),这主要是因为这些反应器常采用较大的占地面积或长宽比,受曝气量限制因而难以形成 AGS,这也印证了为什么传统活性污泥法虽已成功运行了一个多世纪,却从未发现有 AGS 形成的报道。

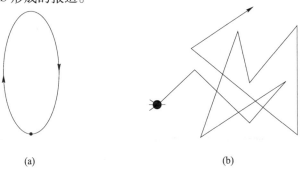

(a)　　　　　　　　　　　　　　(b)

图 1-4　污泥的运动轨迹示意图[43]

(a)上流式柱状反应器;(b)完全混合式反应器

1.2.4　运行方式

AGS 反应器的运行周期、水力剪切力、沉降时间和 OLR 介绍如下。

（1）运行周期。AGSBR 的周期时长一般为 3~12h。过长的周期时间意味着长时间的曝气、容易造成 AGS 结构松散，而过短的周期意味着高排泥频率、则容易导致污泥流失[44]。AGSBR 中的好氧生化反应通常包括两个阶段，一是进水中有机物从最大值被降解直至浓度达到最小值的富营养期，随后是可利用的底物被降解完后的贫营养期。研究表明：贫富营养期并不是 AGS 形成的必要条件[45]，因为在出水 COD 较高的情况下亦可培养出松散的 AGS；过长的好氧饥饿期会导致反应器内生物量大量减少，而过短的好氧饥饿期会导致污染物降解不彻底、并容易造成丝状菌过度生长，适当的贫富营养期可降低细胞亲水性、促进 EPS 的分泌，从而有利于好氧颗粒化[45,46]。

（2）水力剪切力。在 AGSBR 中，曝气量的大小不仅会影响反应器内的供氧量及能量消耗，而且决定了反应器对混合液的水力剪切力。在 AGS 的培养过程中，用表观上升气速（SGV, superficial gas velocity）来定量表征水力剪切力的大小（定义为单位截面积上的曝气量，单位为 cm/s），SGV 越大则水力剪切力越大。研究表明[47]：AGSBR 中形成 AGS 的最小值为 1.20cm/s，且在一定的范围内，SGV 与 AGS 的 SOUR、EPS 的分泌量、细胞表面疏水性等呈正相关[43]；另外，SGV 越大，则所形成的 AGS 结构更加密实、紧凑，外形则更加规则。通常，AGSBR 内可保持很高的 DO 浓度，甚至接近饱和。然而，较大的 SGV 意味着较高的曝气能耗，这也是实际应用中不得不正视的问题。

（3）沉降时间。AGSBR 的静态沉淀过程为污泥筛选提供了极佳的环境，而沉淀时间被认为是为好氧颗粒化提供了最重要的水力选择压[48]。沉降快的污泥在较短的沉淀时间内会沉至排水口以下，从而保留在反应器内；而沉降慢的污泥在沉至排水口之前即随出水排出。因此，通过逐渐缩短沉降时间，则沉降性能好的菌胶团或颗粒污泥将逐渐得到富集。研究表明[49]：沉淀时间控制在 10min 以上时，虽会出现 AGS，但絮状污泥占绝对优势；只有当沉淀时间小于 5min 时，反应器内 AGS 才能处于主导地位。

（4）OLR。大量研究结果[4]表明，在很宽的 OLR 范围内（2.50~22.50 kg/(m³·d)）都可以成功培养出 AGS。早期的研究表明：AGS 形成所需的最小 OLR 为 2.50kg/(m³·d)，但后续研究表明 AGS 可以在更低的 OLR 下形成[50,51]，但耗时往往更长。OLR 对好氧颗粒化的进程没有明显影响，但对培养出的 AGS 的稳定性、理化性质却有较大影响[52]，如较大的 OLR 会培养出较大粒径的 AGS，但颗粒强度会随之下降。另外，过高的 OLR 会增加混合液的比重、不利于污泥的沉降，并容易引起丝状菌膨胀。

此外，进料方式、pH、温度、DO 等因素对 AGS 的形成也有不同程度的影响。

1.3 AGS 的形成机理

AGS 的形成过程很复杂，涉及到多领域的知识。目前，尚不明确 AGS 形成的具体机制。截止到目前，虽然研究者们在这方面开展了大量研究，但对于好氧颗粒化的诠释仍只停留在假说层面上。

1.3.1 选择压假说

选择压是生态学中的概念，指两个相对的性状一个被淘汰，而另一个被保留下来的优势。在 AGS 的形成过程中，这些相对的性状有：沉降快/沉降慢、疏水/亲水、致密/疏松等。类似于适者生存的生物进化理论，通过控制筛选条件（如沉降时间、曝气量、污染物负荷等），为反应器中不同特性的微生物生长创造了一定的"选择压"，只有那些疏水性高、沉降速度快的污泥才能被保留于系统中，并逐渐得到富集，最终形成 AGS。研究表明[43]，AGS 的形成需要较高的选择压，如较短的沉降时间、较大的 SGV 等。不足的是该假说未考虑颗粒化过程中生物变化所起的作用，而是主要侧重于颗粒化过程中污泥的物理特性变化。

1.3.2 晶核假说

晶核假说[53]认为颗粒污泥的形成类似于化学领域中的结晶过程。该机理认为接种污泥、惰性物质（如 EPS）、无机盐（如 $CaCO_3$）等都可作为晶核，微生物在这些载体上不断发育、生长最终形成 AGS。后续研究证实该机理也可适用于解释 AGS 的形成[54]。然而，晶核假说最大的尴尬是即便没有所谓的晶核也可以形成 AGS。

1.3.3 丝状菌假说

丝状菌假说[55]认为丝状菌的生长是 AGS 形成的主要驱动力。得益于丝状菌较大的表面积，它们包埋、缠绕一些球菌、杆菌等形成初始框架，其他的微生物通过附着在这种框架上并不断生长，在外部高选择压作用下最终形成 AGS。然而，通过对 AGS 的微观结构进行观察，发现并不是总可以观察到丝状菌的存在，很多时候 AGS 内的微生物主要由长短不一的杆菌或球菌组成。因此，这一假说也需要进一步完善。

1.3.4 胞外聚合物假说

胞外聚合物假说认为 AGS 的形成要得益于好氧颗粒化过程中微生物分泌了

大量的黏性 EPS，而这些 EPS 起到了"生物胶水"的作用，它们通过吸附、架桥等作用促进细胞之间的相互凝聚[56,57]。然而，并没有证据表明 EPS 是好氧颗粒化的决定因素，大量的试验结果[4]只是表明 EPS 对好氧颗粒化有促进作用。毕竟，任何形态的微生物都会或多或少的分泌 EPS。

1.3.5　自凝聚假说

自凝聚假说认为微生物细胞在一定的环境下会发生自我凝聚、聚集现象。这种现象是一个逐步进化的过程，但必须是在适宜的条件下微生物才会慢慢地进化，并最终形成 AGS[58]。结合选择压理论，自凝聚假说可以较好地解释絮状污泥形成 AGS 的原因，但却无法说明为什么较低选择压下 AGS 会出现不稳定、甚至解体的现象。

1.3.6　细胞疏水性假说

细胞疏水性假说的理论基础是热力学中的 Gibbs 自由能原理，即细胞表面能的降低有助于表面疏水性的增加，从而为细胞之间的相互凝聚创造了条件。虽然细胞表面疏水性的增加是微生物细胞之间相互集聚的重要驱动力[59]，但并没有证据能证明较低的表面疏水性就必定不能形成 AGS。因此，现有研究只能推测细胞表面疏水性的增加有助于 AGS 的形成，但并不是好氧颗粒化的决定性因素。

1.3.7　四阶段假说

Liu 等人[43]认为 AGS 的形成包括四个步骤：第一步，细胞之间开始相互接触，主要驱动力有细胞运动、流体扩散、重力等；其次，在范德华力、氢键、表面张力等综合作用下形成松散的颗粒前驱物—微生物聚集体；第三步，微生物在苛刻的生存环境下通过分泌大量的黏性物质——EPS，形成结构较紧密的生物聚合体；最后，在较高的水力剪切力作用下，最终形成具有规则的三维空间结构的 AGS。四阶段假说吸收了多种假说的积极成果，考虑了多种因素的协同作用效果，而不仅限于某一方面的影响因素，是否合理尚需在实践中不断检验及完善。

1.3.8　信号分子假说

信号分子假说认为信号分子引起的群体感应在 AGS 的形成过程中发挥了重要作用[60]。信号分子是指生物体内的某些化学分子，它们主要是用来在细胞间和细胞内传递信息，通过与细胞受体结合传递细胞信息。细菌能自发产生、释放一些特定的信号分子，并能感知其浓度变化，调节微生物的群体行为，这一调控系统称为群体感应。目前研究最多的信号分子是乙酰高丝氨酸内酯（AHL）、寡肽（AIP）及自诱导物-2（AI-2）。在一定条件下，这些信号分子能引发细胞的定向移动。研究表明，AHL 和 AI-2 能促进细胞之间的相互黏附并刺激 EPS 分泌[61,62]。同时，AHL 中的群体感应淬灭酶的产生可裂解自诱导分子，影响颗粒的形成[63]。

1.4 AGS 的培养

1.4.1 AGS 的培养方法

目前虽已开展了大量的 AGS 培养研究工作[3,4,64]，但至今还没有形成一种能定量控制的培养模式。选择压法[48]是目前广泛采用的一种培养方法，其他方法鲜有报道。选择压法主要原理是通过控制筛选条件（如沉降时间、污染物负荷等）促进 AGS 的形成，根据对沉降时间的调控，该法大致可分为两类：一类是固定沉降时间，二类是逐步缩短沉降时间。通过总结相关文献可知：以模拟废水为基质时，绝大多数研究中 AGS 的培养需 30 天以上，若以实际废水为处理对象，这个过程的耗时则往往更长。

1997 年，Morgenroth 等人[2]首次在 SBR 中成功培养出 AGS，通过逐步缩短水力停留时间及增大换水率，并采用极短的沉降时间（0~1min），耗时 70 天成功实现好氧颗粒化。随后，Beun 等人[55]在 SBR 中直接采用极短的沉降时间（2min）进行 AGS 的培养，几天后反应器中便出现了 AGS。此后，AGS 逐渐成为研究热点，各种特性的 AGS 不断被培养出来。Arrojo 等人[65]采用极短的沉淀时间及逐渐缩短排水时间的策略培养 AGS，60 天时成熟 AGS 的粒径达到 3.5mm。Corsino 等人[66]利用高盐废水培养 AGS（沉降时间设为 5min），30 天后 2mm 左右的 AGS 在反应器内占主导。

随着研究的深入，研究者们发现固定极短沉降时间的"暴力"排泥方式虽可在数天内筛选出少量 AGS，但也容易造成启动失败，于是纷纷改用逐步缩短沉降时间的方式培养 AGS，使得选择压法的可靠性大大提高。Tay 等[67]以苯酚为唯一碳源培养 AGS，通过逐步缩短培养时间（30~5min）于第 69 天时培养出平均粒径为 0.52mm 的 AGS。李笃中团队利用碱性高含磷污水培养 AGS，通过逐步缩短沉降时间（20~2min）于 38 天内培养出 1mm 左右 AGS[68]。钱易课题组研究了厌氧颗粒污泥向 AGS 的转化，当沉降时间从 10min 降至 5min 后的第 40 天出现外观近似球状的 AGS[69]。彭永臻团队以模拟污水为基质，培养过程中逐步缩短沉降时间（15~3min），并交替改变碳源种类，于 56 天后培养出富含聚磷菌的 AGS[70]。竺建荣团队在 SBR 中采用厌氧/好氧交替运行、并在培养过程中逐步缩短沉降时间，于 67 天后实现好氧颗粒化[71]。俞汉青团队以实际城市污水培养 AGS，培养过程中不断缩短沉降时间并增大换水率，分别于 120 天[72]和 160 天后在中试 SBR 中获得成熟 AGS[73]。除选择压法外，其他的培养方法的报道可谓凤毛麟角。肖蓬蓬等人[74]介绍了一种好氧震荡瓶法培养 AGS，28 天可基本实现好氧颗粒化。竺建荣团队提出了一种交变负荷调控法[75]，使 OLR 在 0.96kg/（m³·d）、1.92kg/（m³·d）及 3.84kg/（m³·d）之间交替变化，并固定 SBR 的沉降时间为 10min，第 100 天时完全实现颗粒化。

1.4.2　AGS 的快速培养

AGS 的快速培养主要有如下几种方法。

（1）进水中添加钙镁等金属离子促进 AGS 的形成。在 AGS 成为热点之前，大量研究[76,77]即发现多价阳离子可以促进厌氧颗粒污泥的形成，它们通过与带负电的细胞之间中和或吸附架桥形成晶核以促进厌氧颗粒化进程。同样，研究表明 Ca^{2+}、Mg^{2+} 等阳离子亦可加速 AGS 的形成。Jiang 等人[41]考察了进水中无 Ca^{2+}（R_1）及添加 100mg/L 的 Ca^{2+}（R_2）下 AGS 的形成，发现 R_1 中前 32 天内未观察到 AGS，而 R_2 中 16 天即开始出现 0.5~1.6mm 的 AGS。刘倩倩等人[78]在进水中添加 10mg/L 的 Mg^{2+}，18 天后 SBR 中大部分污泥已实现好氧颗粒化。刘绍根等人[79]分别添加 50mg/L 的 Ca^{2+} 及 Mg^{2+} 进行 AGS 的快速培养，两 SBR 中 AGS 的比例分别在 19 天（只加 Ca^{2+}）及 23 天（只加 Mg^{2+}）时超过 50%，而空白对照组所需时间要 35 天以上。Sajjad 及 Kim[80]通过在进水中添加 50mg/L 的 Mg^{2+}，11 天时在序批式膜生物反应器中观察到 AGS，16 天时实现完全颗粒化。Li 等人[42]对比了 SBR 的原水添加了 10mg/L 的 Mg^{2+} 和未添加 Mg^{2+} 的好氧颗粒化进程，粒径大于 0.6mm 的 AGS 比例超过 15% 所需的时间分别为 18 天和 32 天。

为揭示金属离子促进 AGS 形成的机理，研究者们尝试从 AGS 中钙、镁离子的存在形态寻找答案。Sajjad 和 Kim[81]通过 X 射线光电子能谱（XPS）及傅里叶转换红外线光谱（FTIR）发现 Ca^{2+} 极易与 EPS 中多聚糖的羟基相结合，而 Mg^{2+} 则与蛋白质中的酰胺基强烈吸引，这与 1987 年 Mahoney 等人[82]提出的厌氧颗粒化中 Ca^{2+} 及 Mg^{2+} 等金属离子能与带负电荷的细胞相吸引、减少细胞之间的斥力研究结果一致。另外，刘绍根等人[79]研究表明 Ca^{2+}、Mg^{2+} 的投加可促进细胞分泌更多的 EPS，而这些 EPS 起到了"生物胶水"的作用，它们通过吸附、架桥等作用促进细胞之间的相互凝聚[16,17]。根据晶核理论[53]，金属离子形成的无机盐可作为颗粒污泥形成的原始晶核、并加速颗粒化的进程，而一些研究也检测到 AGS 核心存在 $CaCO_3$[20,83]或 $Ca_5(PO_4)_3(OH)$[84]。然而，Wang 等人[20]通过扫描电镜（SEM）及 X 射线发现只有粒径大于 0.5mm 的 AGS 核心内才能检测到 $CaCO_3$，表明钙的沉积与 AGS 粒径有关，也从侧面证明晶核并非是促进 AGS 形成的必要条件。虽然添加金属离子促进好氧颗粒化的效果明显，但该策略几乎只适用于小试反应器，对于处理实际废水的中试乃至实际工程如何实施尚需论证。

（2）投加絮凝剂或惰性载体促进 AGS 的形成。基于晶核理论[53]，一些研究者们通过投加混凝剂或惰性载体等作为诱导核、从而加速 AGS 的形成，其中，活性炭因具有良好的吸附性能是最常用的载体。刘永军团队[85]在培养前期（前 7 天）反应器排水后投加 20g/L 的聚合氯化铝（PAC），第 8 天出现了 AGS，25 天时实现完全颗粒化，对 PAC 投加后的混合策略进行改进[86]，以及将 PAC 改为培养中期（8~14 天）投加[87]后亦取得相似快速培养结果。Ángeles 等人[88]投加 PAC 和高分子电解质进行 AGS 培养，反应器内 10 天后首次观察到颗粒聚合体，23 天时 AGS 粒径达到 2.3mm。

高景峰等人[89]通过投加 1%（体积分数）粒径在 0.1~0.3mm 的颗粒活性炭，20 天后于小试 SBR 中培养出 0.3~0.8mm 的 AGS。Li 等人[90]研究了分别投加颗粒活性炭及粉末活性炭对好氧颗粒化的影响，结果表明：颗粒活性炭的投加大大缩短了好氧颗粒化的进程，而投加粉末活性炭并未明显加速好氧颗粒化；微生物通过在颗粒活性炭上的附着生长，AGS 形成的时间由 6 周缩短至 3 周以内。Zhou 等人[91]研究低有机负荷下颗粒活性炭对好氧颗粒化的影响，投加了 0.2mm 的颗粒活性炭的反应器（R_2）于 31 天时成功培养出 AGS，而未投加颗粒活性炭的 R_1 和投加 0.6mm 颗粒活性炭的 R_3 均未观察到明显的颗粒化现象。同样，Li 等人[92]研究投加颗粒活性炭对以低浓度废水为处理对象时的好氧颗粒化的进程，结果 20 天后成功实现好氧颗粒化，而未投加颗粒活性炭的反应器中始终以絮状污泥为主。目前，对于投加的载体是如何促进 AGS 的形成尚缺乏深入研究，只是推测载体起到了晶核作用。另外，这种培养模式最大的尴尬是所形成的生物聚集体是否能归类为 AGS 尚值得商榷，毕竟公认的 AGS 的定义是不依赖于载体，而是通过微生物自凝聚形成的生物聚合体。

（3）接种 AGS 促进好氧颗粒化。研究[32~34]表明，接种污泥对好氧颗粒化的进程有明显影响。目前，通过接种不同特性的污泥促进好氧颗粒化已开展了许多研究。研究表明：接种厌氧颗粒污泥并不会明显加速好氧颗粒化进程，且容易出现颗粒的先解体再颗粒化过程[35,36]；而接种部分成熟 AGS 或破碎 AGS 可大大缩短 AGS 形成所需时间。目前，接种部分 AGS 促进好氧颗粒化研究主要采用预投加方式，即在反应器启动时同其他污泥一起接种。廖青等人[93]接种 15%的成熟 AGS 及 85%的活性污泥，20 天后基本实现好氧颗粒化。Pijuan M 等人[94]研究了接种不同比例的破碎 AGS 对好氧颗粒化的影响，发现接种 50%破碎 AGS 的反应器最快可在 18 天内实现完全颗粒化，而接种 5%的破碎 AGS 需 133 天，未接种时始终没有实现好氧颗粒化。熊光城等人[95]接种 20%成熟 AGS 及 80%活性污泥，24 天实现完全颗粒化。Verawaty 等人[96]通过荧光标记探索了接种部分 AGS 促进好氧颗粒化的机理，荧光显微（EFM）及 SEM 技术成功观测到絮状污泥黏附接种 AGS 表面现象，表明接种 AGS 充当了新颗粒形成的晶核，从而加速了 AGS 的形成。

（4）接种工程菌促进 AGS 的形成。AGS 是微生物自凝聚的产物，而不同菌种的凝聚性能相差较大[97~99]。因此，利用那些凝聚性能强的菌种来促进 AGS 的形成是个值得尝试的选择。Jiang 等[97]研究了投加两种工程菌对活性污泥的好氧颗粒化及苯酚降解的生物强化效果，7 天后反应器内即观察到 200 ~ 600μm 的 AGS，23 天后 AGS 趋于成熟，并指出 PG-02 菌株表面的黏附蛋白及 PG-08 的互补性糖受体可与胞外多糖相互缠绕从而发挥凝聚作用。Ivanov 等[98]从 AGS 中分离出 5 株絮凝指数超过 50% 的菌株，考虑到工程菌的安全问题，选择其中的 *Pseudomonas veronii* B 菌株培养 AGS（其他四种菌株均为人类病原细菌），3 天后观察到粒径大于 0.5mm 的 AGS。宋志伟等人[99]对比研究了 5 个 SBAR 中不同投加量的絮凝细菌对好氧颗粒化的影响，发现最佳投加量为 10mL/L 时 AGS 形成时间为 35 天，而未投加絮凝细菌时需 42 天。于广丽等人[100]在 SBR 利用活性污泥培养 AGS 的过程中接种厚垣孢子，结果 7 天便成功培养出白色的 AGS。虽然接种工程菌促进好氧颗粒化的效果明显，但目前这方面的研究还较少，主要是工程菌的筛选复杂、且使用成本较高。另外，进入到环境的工程菌的安全问题是个不可忽视的因素。

1.5　AGS 的应用研究概况

1.5.1　污染物去除

　　AGS 独特的空间分层结构实现了多种功能菌的共存，使得单级有机物去除及同步脱氮除磷成为可能。同时，得益于 AGS 良好的沉降性能及高耐毒性，其被用于各种废水的处理的研究层出不穷。这些研究为 AGS 技术的应用奠定了良好的基础。

　　（1）有机物去除。有机物的去除主要是通过 AGS 中异养菌（如 *Zoogloea*，*Thauera*，*Acidovorax* 等）代谢活动实现。AGS 良好的沉降性能使得反应器内可以截留大量生物污泥，因而可以承受较高的 OLR。目前，大部分有关 AGS 处理高浓度有机废水的研究都局限于模拟污水[3,4,64]，但在模拟污水的研究基础上，AGS 已成功实现对多种高浓度实际废水[11,19,101~103]的处理（表 1-1），并取得了较好的处理效果。然而，在处理高浓度有机废水时，随着颗粒粒径的增大，AGS 的稳定性却不容乐观[104]，常会出现颗粒破碎及丝状菌在颗粒表面大量生长情况。

表 1-1　AGS 处理实际高浓度有机废水概况

废水种类	原水 COD /mg·L⁻¹	主要运行条件	AGS 主要特性
乳制品废水[101]	2800	小试 AGSBR（12L），周期 8h，OLR = 2.40~5.90kg/(m³·d)	外表光滑、轮廓清晰，SVI 在 50.0~75.0mL/g 之间
大豆加工废水[102]	21100~2600	小试 AGSBR（6L），周期 4h，OLR = 6.0kg/(m³·d)	黄色，球状或椭球状，粒径 1.22±0.85mm，沉降速度 36.6±8.8m/h

续表 1-1

废水种类	原水 COD /mg·L^{-1}	主要运行条件	AGS 主要特性
Vc 生产废水[7]	500000~700000	小试 AGSBR（9.8L），周期 8h，OLR=1.86~4.50kg/(m³·d)	黄褐色，粒径 0.2~1.0mm，平均沉降速度 31.2m/h
黄连素生产废水[103]	4166	ABR+小试 AGSBR（2.8L），周期 6h	灰色，光滑的球状，粒径 2~10mm，沉降速度 104~137m/h
畜禽养殖废水[21]	3600	小试 AGSBR（4L），周期 4h，OLR=9.0kg/(m³·d)	深棕色，轮廓清晰、外表光滑，粒径 3.50~4.10mm，沉速 88m/h

（2）废水生物脱氮。目前，大多数脱氮工艺都是将生化池分隔成缺氧池和好氧池，分别为硝化菌和反硝化菌创造适宜的生长环境，从而实现脱氮目的。AGS 内部独特的微环境可为硝化细菌（如氨氧化细菌 Nitrosomonas 及 Nitrosospira；硝酸盐细菌 Nitrospira 及 Nitrobacter）、反硝化细菌（如 Zoogloea，Thauera，Rhodocyclaceae 等）、厌氧氨氧化菌（如 Brocadiaceae，Gemmata 等），甚至固氮菌（如 Mesorhizobium，Rhodoplanes 等）提供共同的栖息场所[26]，使得单级脱氮成为可能（图 1-5）[105]。研究表明，AGS 可通过同步硝化反硝化、甚至厌氧氨氧化实现总氮的去除，但脱氮效果受颗粒粒径、DO 等因素影响。此外，AGS 的耐毒性可抵抗一定外部毒素的不利冲击，因而可以承受较高的游离氨[106]及氨氮浓度。2003年，Satoshi 等人[29]以高氨氮、无机废水为基质（NaHCO₃ 及氨氮浓度分别为 7000mg/L 及 500mg/L），历时 400 天于 AUSB 中成功培养出稳定的硝化 AGS，反

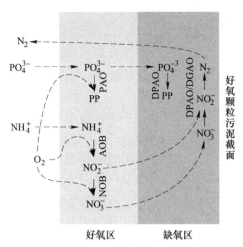

图 1-5　AGS 脱氮原理示意图[105]

AOB—氨氧化细菌；NOB—亚硝酸盐氧化细菌；PAO—聚磷菌；

DPAO—反硝化聚磷菌；DGAO—反硝化聚糖菌；PP—聚磷

应器的 NLR 高达 $1.50kg/(m^3 \cdot d)$，氨氮去除率在 98% 以上。此后，有关 AGS 处理高氨氮废水的研究层出不穷，如高氨氮或低碳氮质量比模拟污水[107~109]、养猪废水[110,111]、印染废水[112]等。虽然 AGS 内部的微环境为同步硝化反硝化的进行提供必要场所，但这种能力并不是无限的，随着进水碳氮质量比的降低及反硝化碳源的匮乏往往会导致 TN 的去除率下降[112]。

大量研究[3,4,113]表明，通过富集慢速生长的微生物，如硝化细菌、聚糖菌、聚磷菌等，可有效提高 AGS 的稳定性。相比于高 OLR 下会培养出粒径较大的 AGS，Liu 等人[108]发现 AGS 的平均粒径随碳氮质量比的降低而逐渐减小，但颗粒的理化特性却变得更好（沉降速度变大、疏水性增强）。李志华等人[114]在 AGSBR 中培养出的自养 AGS 也得出了类似结论。这表明合理的自养菌及异养菌的比例有利于维持好氧颗粒化与颗粒解体的动态平衡。

（3）废水生物除磷。传统生物除磷工艺使活性污泥交替处于厌氧和好氧状态下运行，聚磷菌（如 *Accumulibacter*）首先在厌氧状态下释放磷，随后在好氧状态下过量地摄取磷，最后通过排放富含磷的剩余污泥以达到除磷的目的。为创造聚磷菌适宜的生长环境及强化磷的去除，AGS 反应器亦常采用交替厌氧/好氧的运行模式[4,64]。研究表明，除聚磷菌生物代谢外、AGS 内的化学沉淀亦造成了一部分磷的去除[20,21]。另外，研究[4]发现 AGS 中的聚磷菌中有一类细菌，即反硝化聚磷菌，能在生物聚磷的同时以硝态氮或亚硝态氮为电子受体实现反硝化。目前，AGS 对含磷废水的处理多局限于含磷酸盐的模拟污水[115~118]，且研究者们更倾向于达到同步脱氮除磷的目的。亦有少量研究考察了 AGS 对含有机磷的模拟污水[119]及实际生活污水[120]的除磷效果。

（4）难降解及有毒物质去除。AGS 的高耐毒性使其在处理有毒废水时具有得天独厚的优势。研究[121]表明，苯酚浓度超过 3000mg/L 时会抑制活性污泥的活性，而批次试验中 5000mg/L 的苯酚可被 AGS 降解完。此外，还有 AGS 处理含氯酚废水[122]、含苯胺[123]、含氯苯胺[124]、高盐废水[125]、染料废水[126]等的报道，但这些有毒污染物主要以人工配制的模拟废水为主。研究表明，EPS 在提高 AGS 中微生物耐毒性上发挥了重要作用，甚至发现 EPS 会吸附有毒有害物。当然，AGS 的耐毒性也是有承受范围的，在这种情况下，通过添加一些易降解的有机物实现难降解物质的共代谢[24]被证明是一种有效的驯化方法。

（5）重金属吸附。得益于 AGS 良好的沉降性能及较大的比表面积，它能作为生物吸附剂去除有毒金属离子。目前，研究者们主要是研究异养颗粒吸附重金属的效果，自养颗粒污泥吸附重金属的研究尚鲜有报道。研究[127]表明：AGS 可有效吸附许多重金属离子，可以作为工业废水处理的生物吸附剂。Liu 等人[128]利用 AGS 处理含 Cu^{2+} 和 Zn^{2+} 废水，发现 AGS 对它们的吸附容量可分别达到 246.1mg/g 和 180.0mg/g。Sun 等人[129]则发现 AGS 对 Cu^{2+} 和 Cr^{4+} 的吸附容量可分别达到 71. 24mg/g 和 348. 13mg/g。刘名等人[130]利用干燥后的 AGS 处理含铅废水，发现 AGS 对 Pb^{2+} 的饱和吸附容量可达 79. 85mg/g。张江水等人[131]将从 AGS 中提取出的 EPS 用于对 Pb^{2+} 和 Cd^{2+} 的吸附，发现对它们的最大吸附量分别可达 534. 76mg/g 和 478. 47mg/g。此外，亦有 AGS 吸附 Ni[132]、Cr[133]、碱土金属[134,135]、稀土离子[136]等研究报道。

1.5.2　AGS 的中试研究进展

　　在小试研究的基础上，陆续出现了一些中试规模的 AGS 反应器的研究报道。目前，对于多大规模的反应器可以称之为中试工程尚无统一标准，已报道的中试 AGS 反应器的有效容积相差较大，最小的仅 32L[137]，较大的可超过 1.0m³[138~140]，而大部分在 100L 左右[141~143]。分析这些文献可以发现：其中一部分研究仍以模拟污水为基质[141~143]，主要是探索较大容积反应器内 AGS 的培养及颗粒的稳定性；还有一部分中试研究虽以实际污水为处理对象，但装置仍位于实验室内、且运行条件控制比较严格，主要是用于探索及验证处理实际废水的可行性[111,137,144]；最后一部分是真正意义上的现场中试工程（见图 1-6）[6,138,139,145]，目前这类反应器还比较少，且主要是用于处理市政污水[6,138,139]。此外，国外已研发出多种成套化的 AGS 工艺技术，如荷兰的 Nereda™ AGS 技术、克罗地亚的 ARGUS 技术、意大利的 PERBIOF（Periodic Biofilter）项目等，有限的资料表明它们的运行原理类似于 SBR 工艺。然而，研发者们至今都未公布这些反应器的运行效果，及有关 AGS 稳定性的报道。

(a)　　　　　　　　　　　　　　(b)

图 1-6　中试 AGSBR

（a）某大豆蛋白生产工厂[145]，反应器有效容积 1.47m³；

（b）合肥朱砖井污水处理厂[138]，反应器有效容积 1.0m³

1.5.3　AGS 的工程化进展

截至 2018 年年底，全球已有 30 多个 AGS 实际工程[146]，但对外公布的运行数据非常有限。其中，最为成功的当属荷兰 Delft 大学的 Nereda 工艺。该工艺运行方式与 SBR 工艺相似，其首先被用于食品工业废水处理（处理量为 250m³/d），在被证实具有良好的 COD 去除效果后，逐渐被推广用于市政污水及混合了部分工业污水的市政污水的处理。2015 年，Pronk 等人[147]公布了 Nereda 工艺在荷兰 Garmerwolde 污水处理厂中的运行效果，结果表明：经过 5 个月的培养，80% 的污泥粒径大于 0.2mm；与活性污泥法相比，Nereda 工艺可减小 25%~75% 的占地面积，并节省 20%~50% 的能耗。此外，Swiatczak 和 Cydzik-Kwiatkowska[148]亦在市政污水处理厂（处理规模 3200m³/d）中成功培养出 0.09~0.35mm 的 AGS（占污泥量的 80%）。与国外 AGS 实际工程案例持续增加相比，国内 AGS 工程化进展较缓慢。2014 年，Li 等人[149]在浙江盐仓污水处理厂 SBR 工艺中成功实现好氧颗粒化（处理量为 50000m³/d），培养出的 AGS 平均粒径为 0.5mm。除此以外，国内其他 AGS 的工程化案例鲜有报道。

1.6　存在的问题及发展趋势

实践[146~149]证明 AGS 技术是一种极具发展前景的高效污水生物处理技术。近三十年的发展历程中，AGS 技术经历了小试→中试→工程应用三步阶段，目前正处在最为关键的应用推广阶段。可以预见的是，工程化应用仍将是 AGS 技术发展的趋势。然而，AGS 技术的发展仍面临着一些挑战[3,4,113]，包括：形成条件苛刻、形成机理不明、稳定性不足等。为解决困惑多年的 AGS 形成机理问题，微生物的群体感应被认为是揭示好氧颗粒化本质的一种新思路[60]。对于 AGS 的稳定性不足这一问题，研究者们提出了一些强化 AGS 稳定性策略[4,113]，如：促进 EPS 分泌、富集慢速生长菌、粒径控制、强化颗粒内核等。但这些研究多基于小试研究，能否应用于实际仍需检验。与以上问题相比，AGS 的培养是相关研究的基础，过长的启动时间不仅耗时费力，而且将大大制约技术的发展。此外，实际污水在水质水量方面比模拟污水更加复杂多变，AGS 的稳定性能否以及如何发挥技术优势值得探究。因此，围绕 AGS 的快速形成及实际应用话题，本文在 AGS 的快速培养研究的基础上，探索了不同实际废水下 AGS 的去污效果及稳定性，为 AGS 技术的应用提供技术支持。

参 考 文 献

[1]　Mishima K, Nakamura M. Self-Immobilization of Aerobic Activated Sludge-A Pilot Study of the

Aerobic Upflow Sludge Blanket Process in Municipal Sewage Treatment [J]. Water Science and Technology, 1991, 23 (4): 981-990.

[2] Morgenroth E, Sherden T, Van Loosdrecht M C M, et al. Aerobic Granular Sludge in a Sequencing Batch Reactor [J]. Water Research, 1997, 31 (12): 3191-3194.

[3] Zheng T, Li P, Wu W, et al. State of the art on granular sludge by using bibliometric analysis [J]. Applied Microbiology and Biotechnology, 2018, 102: 3453-3473.

[4] Winkler M K H, Meunier C, Henriet O, et al. An integrative review of granular sludge for the biological removal of nutrients and recalcitrant organic matter from wastewater [J]. Chemical Engineering Journal, 2018, 336: 489-502.

[5] Su K Z, Yu H Q. Formation and characterization of aerobic granules in a sequencing batch reactor treating soy-bean-processing wastewater [J]. Environmental Science & Technology, 2005, 39 (8): 2818-2828.

[6] 杨淑芳, 张健君, 邹高龙, 等. 实际污水培养好氧颗粒污泥及其特性研究 [J]. 环境科学, 2014, 35 (5): 1850-1856.

[7] 汪善全, 张胜, 李晓娜, 等. 高浓度 Vc 生产废水培养好氧颗粒污泥的试验研究 [J]. 环境科学, 2007, 28 (10): 2243-2248.

[8] De Kreuk M K, Kishida N, Van Loosdrecht M C M. Aerobic granular sludge-state of the art [J]. Water science and technology, 2007, 55 (8): 75-81.

[9] Tiwari M K, Guha S, Harendranath C S, et al. Enhanced granulation by natural ionic polymer additives in UASB reactor treating low-strength wastewater [J]. Water Science and Technology, 2005, 39 (16): 3801-3810.

[10] Long B, Yang C Z, Pu W H, et al. Rapid cultivation of aerobic granular sludge in a continuous flow reactor [J]. Journal of Environmental Chemical Engineering, 2015, 3 (4): 2966-2973.

[11] Ivanov V, Wang X H, Stabnikova O. Starter culture of Pseudomonas veronii strain B for aerobic granulation [J]. World Journal of Microbiology and Biotechnology, 2008, 24 (4): 533-539.

[12] Liu Y Q, Tay J H. Characteristics and stability of aerobic granules cultivated with different starvation time [J]. Applied microbiology and biotechnology, 2007, 75 (1): 205-210.

[13] Seviour T, Yuan Z, Loosdrecht M C M V, et al. Aerobic sludge granulation: A tale of two polysaccharides [J]. Water Research, 2012, 46: 4803-4813.

[14] Huang W L, Wang W L, Shi W S, et al. Use low direct current electric field to augment nitrification and structural stability of aerobic granular sludge when treating low COD/NH_4-N wastewater [J]. Bioresource Technology, 2014, 171: 139-144.

[15] 王昌稳, 李军, 赵白航, 等. 好氧颗粒污泥的快速培养与污泥特性分析 [J]. 中南大学学报, 2013, 44 (6): 2623-2628.

[16] Liu Y Q, Liu Y, Tay J H. The effect of extracellular polymeric substances on the formation and stability of biogranules [J]. Applied Microbiology and Biotechnology, 2004, 65 (2): 143-148.

[17] McSwain B S, Irine R L, Hausner M, et al. Composition and distribution of extracellular poly-meric substances in aerobic flocs and granular sludge [J]. Applied and Environmental Microbi-ology, 2005, 71 (2): 1051-1057.

[18] Chen H, Zhou S, Li T. Impact of extracellular polymeric substances on the settlement ability of aerobic granular sludge [J]. Environmental Technology, 2010, 31: 1601-1612.

[19] Moghaddam S S, Moghaddam M R A. Cultivation of aerobic granules under different pre-anae-robic reaction times in sequencing batch reactors [J]. Separation and Purification Technology, 2015, 142: 149-154.

[20] Wang Z W, Liu Y, Liu Y. Mechanism of calcium accumulation in acetate-fed aerobic granule [J]. Applied Microbiology and Biotechnology, 2007, 74 (2): 467-473.

[21] Othman I, Anuar A N, Ujang Z, et al. Livestock wastewater treatment using aerobic granular sludge [J]. Bioresource Technology, 2013, 133 (2): 630-634.

[22] Chakraborty S, Mukherji S. Surface hydrophobicity of petroleum hydrocarbon degrading *Burk-holderia* strains and their interactions with NAPLs and surfaces [J]. Colloidsand Surfaces B-Biointerfaces, 2010, 78 (1): 101-108.

[23] Liu Y, Yang S Y, Tay J H, et al. Cell hydrophobicity is a triggering force of biogranulation [J]. Enzyme and Microbial Technology, 2004, 34: 371-379.

[24] Zhang Y, Tay J H. Rate limiting factors in trichloroethylene co-metabolic degradation by phenol-grown aerobic granules [J]. Biodegradation, 2014, 25 (2): 227-237.

[25] Wang J, Zhang Z, Qian F, et al. Rapid start-up of a nitritation granular reactor using activated sludge as inoculum at the influent organics/ammonium mass ratio of 2/1 [J]. Bioresource Technology, 2018, 256: 170-177.

[26] Xia J, Ye L, Ren H, et al. Microbial community structure and function in aerobic granular sludge [J]. Applied Microbiology and Biotechnology, 2018, 102 (9): 3967-3979.

[27] Chen M Y, Lee D J, Yang Z, et al. Fluorecent staining for study of extracellular polymeric substances in membrane biofouling layers [J]. Environmental Science & Technology, 2006, 40 (21): 6642-6646.

[28] Chen M Y, Lee D J, Tay J H. Distribution of extracellular polymeric substances in aerobic granules [J]. Applied Microbiology and Biotechnology, 2007, 73 (6): 1463-1469.

[29] Tsuneda S, Nagano T, Hoshino T, et al. Characterization of nitrifying granules produced in an aerobic upflow fluidized bed reactor [J]. Water Research, 2003, 37 (20): 4965-4973.

[30] Toh S K, Tay J H, Moy B Y P, et al. Size-effect on the physical characteristics of the aerobic granule in a SBR [J]. Applied Microbiology and Biotechnology, 2003, 60 (6): 687-695.

[31] Zheng Y M, Yu H Q, Liu S J, et al. Formation and instability of aerobic granules under high organic loading conditions [J]. Chemosphere, 2006, 63 (10): 1791-1800.

[32] Coma M, Verawaty M, Pijuan M, et al. Enhancing aerobic granulation for biological nutrient removal from domestic wastewater [J]. Bioresource Technology, 2011, 103 (1): 101-108.

[33] Chen Y Y, Lee D J. Effective aerobic granulation: Role of seed sludge [J]. Journal of the Taiwan Institute of Chemical Engineers, 2015, 28: 118-119.

［34］ Song Z W, Pan Y J, Zhang K, et al. Effect of seed sludge on characteristics and microbial community of aerobic granular sludge ［J］. Journal of Environmental Sciences, 2010, 22 (9): 1312-1318.

［35］ Muda K, Aris A, Salim M R, et al. Development of granular sludge for textile wastewater treatment ［J］. Water Research, 2010, 44 (15): 4341-4350.

［36］ Hu L L, Wang J L, Wen X H, et al. The formation and characteristics of aerobic granules in sequencing batch reactor (SBR) by seeding anaerobic granules ［J］. Process Biochemistry, 2005, 40 (1): 5-11.

［37］ Tay J H, Liu Q S, Liu Y. Characteristics of aerobic granules grown on glucose and acetate in sequential aerobic sludge blanket reactors ［J］. Environmental Technology, 2002, 23 (8): 931-936.

［38］ Sun F Y, Yang C Y, Li J Y, et al. Influence of different substrates on the formation and characteristics of aerobic granules in sequencing batch reactors ［J］. Journal of Environmental Sciences, 2006, 18 (5): 864-871.

［39］ 张胜, 孔云华, 张铭川, 等. 不同基质培养条件下的好氧颗粒污泥特性研究 ［J］. 环境科学研究, 2008, 21 (2): 136-139.

［40］ Jin R C, Zheng P, Mahmood Q, et al. Performance of a nitrifying airlift reactor using granular sludge ［J］. Separation and Purification Technology, 2008, 63: 670-675.

［41］ Jiang H, Tay J, Liu Y. Ca^{2+} augmentation for enhancement of aerobically grown microbial granules in sludge blanket reactors ［J］. Biotechnology Letters, 2003, 25 (2): 95-99.

［42］ Li X M, Liu Q Q, Yang Q, et al. Enhanced aerobic sludge granulation in sequencing batch reactor by Mg^{2+} augmentation ［J］. Bioresource Technology, 2009, 100 (1): 64-67.

［43］ Liu Y, Tay J H. The essential role of hydrodynamic shear force in the formation of biofilm and granular sludge ［J］. Water Research, 2002, 36 (7): 1653-1665.

［44］ Liu Y Q, Tay J H. Influence of cycle time on kinetic behaviors of steady-state aerobic granules in sequencing batch reactors ［J］. Enzyme and Microbial Technology, 2007, 41 (4): 516-522.

［45］ Liu Y, Wu W, Tay J, et al. Starvation is not a prerequisite for the formation of aerobic granules ［J］. Applied Microbiology and Biotechnology, 2007, 76 (1): 211-216.

［46］ Liu Y Q, Tay J H. Influence of starvation time on formation and stability of aerobic granules in sequencing batch reactors ［J］. Bioresource Technology, 2008, 99 (5): 980-985.

［47］ Tay J H, Liu Q S, Liu Y. The effects of shear force on the formation, structure and metabolism of aerobic granules ［J］. Applied Microbiology and Biotechnology, 2001, 57 (1): 227-233.

［48］ Liu Y, Wang Z W, Tay J H. A unified theory for upscaling aerobic granular sludge sequencing batch reactors ［J］. Biotechnology Advances, 2005, 23 (5): 335-344.

［49］ Qin L, Liu Y, Tay J H. Effect of settling time on aerobic granulation in sequencing batch reactor ［J］. Biochemical Engineering Journal, 2004, 21: 47-52.

［50］ Peyong Y N, Zhou Y, Abdullah A Z, et al. The effect of organic loading rates and nitrogenous compounds on the aerobic granules developed using low strength wastewater [J]. Biochemical Engineering Journal, 2012, 67 (34): 52-59.

[51] Wang S G, Gai L H, Zhao L J, et al. Aerobic granules for low-strength wastewater treatment: formation, structure, and microbial community [J]. Chemical Technology & Biotechnology, 2009, 84 (7): 1015-1020.

[52] Cui F, Kim B, Mo K, Kim M. Characteristics of aerobic granulation at different organic and ammonium compositions [J]. Desalin. Water Treat, 2015, 54: 1109-1117.

[53] Lettinga G, Van Velsen A F M, Hobma S W, et al. Use of the upflow sludge blanket (USB) reactor concept for biological wastewater treatment especially for anaerobic treatment [J]. Biotechnology and Bioengineering, 1980, 22 (4): 699-734.

[54] Heijnen J J, Van Loosdrecht M C M, Mulder R, et al. Development and scale-up of an aerobic biofilm airlift suspension reactor [J]. Water Science and Technology, 1993, 27 (5): 253-261.

[55] Beun J J, Hendriks A, Van Loosdrecht M C M, et al. Aerobic granulation in a sequencing batch reactor [J]. Water Research, 1999, 33 (10): 2283-2290.

[56] Liu Y, Yang S Y, Tay J H, et al. Cell hydrophobicity is a triggering force of biogranulation [J]. Enzyme and Microbial Technology, 2004, 34 (5): 371-379.

[57] Liu Y Q, Liu Y, Tay J H. The effects of extracellular polymeric substances on the formation and stability of biogranules [J]. Applied Microbiology and Biotechnology, 2004, 65 (2): 143-148.

[58] Fang H H P. Microbial distribution in UASB granules and its resulting effects [J]. Water Science and Technology, 2000, 42 (12): 201-208.

[59] Wilen B M, Onuki M, Hermansson M, et al. Microbial community structure in activated sludge floc analysed by fluorescence in situ hybridization and its relation to floc stability [J]. Water Research, 2008, 42 (89): 2300-2308.

[60] Wang S, Shi W, Tang T, et al. Function of quorum sensing and cell signaling in the formation of aerobic granular sludge [J]. Reviews in Environmental Science and Biotechnology, 2017, 16 (1): 1-13.

[61] Li Y C, Hao W, Lv J P, et al. The role of N-acyl homoserine lactones in maintaining the stability of aerobic granules [J]. Bioresource Technology, 2014, 159: 305-310.

[62] Sun S, Liu X, Ma B, et al. The role of autoinducer-2 in aerobic granulation using alternating feed loadings strategy [J]. Bioresource Technology, 2016, 201: 58-64.

[63] Sarma S J, Tay J H, Chu A. Finding Knowledge Gaps in Aerobic Granulation Technology [J]. Trends Biotechnol, 2017, 35 (1), 66-78.

[64] Sousa R S L D, Mendes B A R, Milen F P I, et al. Aerobic granular sludge: cultivation parameters and removal mechanisms [J]. Bioresource Technology, 2018, 270: 678-688.

[65] Arrojo B, Mosqueracorral A, Garrido J M, et al. Aerobic granulation with industrial wastewater in sequencing batch reactors [J]. Water Research, 2004, 38: 3389-3399.

[66] Corsino S F, Campo R, Bella G D, et al. Cultivation of granular sludge with hypersaline oily

wastewater [J]. International Biodeterioration & Biodegradation, 2015, 105: 192-202.

[67] Tay J H, Jiang H L, Tay T L. High-Rate Biodegradation of Phenol by Aerobically Grown Microbial Granules [J]. Journal of Environmental Engineering, 2004, 130 (12): 1415-1423.

[68] Wan C, Lee D J, Yang X, et al. Calcium precipitate induced aerobic granulation [J]. Bioresource Technology, 2015, 176: 32-37.

[69] 由阳, 彭轶, 袁志国, 等. 富含聚磷菌的好氧颗粒污泥的培养与特性 [J]. 环境科学, 2008, 29 (8): 2242-2248.

[70] 张胜, 孔云华, 张铭川, 等. 不同基质培养条件下的好氧颗粒污泥特性研究 [J]. 环境科学研究, 2008, 21 (2): 136-139.

[71] 胡林林, 王建龙, 文湘华, 等. SBR 中厌氧颗粒污泥向好氧颗粒污泥的转化 [J]. 环境科学, 2004, 25 (4): 74-77.

[72] Ni B J, Xie W M, Liu S G, et al. Granulation of activated sludge in a pilot-scale sequencing batch reactor for the treatment of low-strength municipal wastewater [J]. Water Research, 2009, 43 (3): 751-761.

[73] 刘绍根, 梅子鲲, 谢文明, 等. 处理城市污水的好氧颗粒污泥培养及形成过程 [J]. 环境科学研究, 2010, 23 (7): 918-923.

[74] 肖蓬蓬, 曹德菊, 李浩, 等. 3 种金属离子对好氧颗粒污泥形成及污染控制影响 [J]. 四川农业大学学报, 2012, 30 (3): 342-347.

[75] 李慧琴, 涂响, 孔云华, 等. 交变负荷调控法培养好氧颗粒污泥的试验研究 [J]. 环境科学, 2010, 31 (3): 743-749.

[76] Yu H Q, Tay J H, Fang H H. The roles of calcium in sludge granulation during UASB reactor start-up [J]. Water Research, 2001, 35 (4): 1052-1060.

[77] Batstone D J, Landelli J, Saunders A, et al. The influence of calcium on granular sludge in a full-scale UASB treating paper mill wastewater [J]. Water Science and Technology, 2002, 45 (10): 187-193.

[78] 刘倩倩, 李小明, 杨麒, 等. Mg^{2+} 对 SBR 中好氧颗粒污泥培养的影响研究 [J]. 中国给水排水, 2008, 24 (17): 31-35.

[79] 刘绍根, 孙菁, 徐锐. Ca^{2+}、Mg^{2+} 对好氧污泥快速颗粒化的影响研究 [J]. 环境科学学报, 2014, 18 (6): 26-28.

[80] Sajjad M, Kim K S. Influence of Mg^{2+} catalyzed granular sludge on flux sustainability in a sequencing batch membrane bioreactor system [J]. Chemical Engineering Journal, 2015, 281: 404-410.

[81] Sajjad M, Kim K S. Studies on the interactions of Ca^{2+} and Mg^{2+} with EPS and their role in determining the physicochemical characteristics of granular sludges in SBR system [J]. Process Biochemistry, 2015, 50 (6): 966-972.

[82] Mahoney E M, Varangu L K, Cairns W L. The effect of calcium on microbial aggregation during UASB reactor start-up [J]. Water Science and Technology, 1987, 19 (7): 249-260.

[83] Ren T T, Liu L, Sheng G P, et al. Calcium spatial distribution in aerobic granules and its effects on granule structure, strength and bioactivity [J]. Water Research, 2008, 42 (13):

3343-3352.

［84］Mañas A，Biscans B，Spérandio M. Biologically induced phosphorus precipitation in aerobic granular sludge process［J］. Water Research，2011，45（12）：3776-3786.

［85］宋雪松，刘永军，刘喆，等. 混凝强化形成好氧颗粒污泥［J］. 环境工程学报，2014，8（3）：929-934.

［86］Liu Z，Liu Y J，Kuschk P，et al. Poly aluminum chloride（PAC）enhanced formation of aerobic granules：Coupling process between physicochemical-biochemical effects［J］. Chemical Engineering Journal，2015，284：1127-1135.

［87］王亚利，刘永军，刘喆，等. 聚合氯化铝投加时间对好氧颗粒污泥的形成和胞外聚合物的影响［J］. 化工进展，2015，（1）：278-284.

［88］Ángeles Val del Río，Morales N，Figueroa M，et al. Effect of coagulant-flocculant reagents on aerobic granular biomass［J］. Journal of Chemical Technology and Biotechnology，2012，87（7）：908-913.

［89］高景峰，张倩，王金惠，等. 颗粒活性炭对 SBR 反应器中好氧颗粒污泥培养的影响研究［J］. 应用基础与工程科学学报，2012，20（3）：345-354.

［90］Li A J，Li X Y，Yu H Q. Aerobic sludge granulation facilitated by activated carbon for partial nitrification treatment of ammonia-rich wastewater［J］. Chemical Engineering Journal，2013，218（3）：253-259.

［91］Zhou J H，Zhao H，Hu M，et al. Granular activated carbon as nucleating agent for aerobic sludge granulation：Effect of GAC size on velocity field differences（GAC versus flocs）and aggregation behavior［J］. Bioresource Technology，2015，198：358-363.

［92］Li A J，Li X Y，Yu H Q. Granular activated carbon for aerobic sludge granulation in a bioreactor with a low-strength wastewater influent［J］. Separation and Purification Technology，2011，80（2）：276-283.

［93］廖青，李小明，杨麒，等. 好氧颗粒污泥的快速培养以及胞外多聚物对颗粒化的影响研究［J］. 工业用水与废水，2008，39（4）：13-19.

［94］Pijuan M，Werner U，Yuan Z. Reducing the startup time of aerobic granular sludge reactors through seeding floccular sludge with crushed aerobic granules［J］. Water Research，2011，45（16）：5075-5083.

［95］熊光城，濮文虹，杨昌柱. 预加不同比例不同粒径好氧颗粒对 SBR 中好氧颗粒污泥形成的影响［J］. 环境科学，2013，34（4）：1472-1478.

［96］Verawaty M，Pijuan M，Yuan Z，et al. Determining the mechanisms for aerobic granulation from mixed seed of floccular and crushed granules in activated sludge wastewater treatment［J］. Water Research，2012，46（3）：761-771.

［97］Jiang H L，Tay J H，Maszenan A M，et al. Enhanced phenol biodegradation and aerobic granulation by two coaggregating bacterial strains［J］. Environmental Science and Technology，2006，40（19）：6137-6142.

［98］Ivanov V，Wang X H，Stabnikova O. Starter culture of *Pseudomonas veronii* strain B for aerobic granulation［J］. World Journal of Microbiology and Biotechnology，2008，24（4）：533-539.

[99] 宋志伟, 童龙燕, 潘月军, 等. 絮凝细菌投加量对好氧颗粒污泥性能影响的研究 [J]. 环境科学, 2010, 31 (5): 1263-1268.

[100] 于广丽, 李平, 王海磊. 好氧颗粒污泥的快速驯化及其动力学研究 [J]. 河南师范大学学报 (自然科学版), 2011, 39 (6): 129-132.

[101] Schwarzenbeck N, Borges J M, Wilderer P A. Treatment of dairy effluents in an aerobic granular sludge sequencing batch reactor [J]. Applied Microbiology and Biotechnology, 2005, 66 (6): 711-718.

[102] Su K Z, Yu H Q. Formation and Characterization of Aerobic Granules in a Sequencing Batch Reactor Treating Soybean-Processing Wastewater [J]. Environmental science and technology, 2005, 39 (8): 2818-2827.

[103] 刘风华, 曾萍, 宋永会, 等. ABR-好氧颗粒污泥处理黄连素废水的启动研究 [J]. 环境工程学报, 2011, 5 (9): 1937-1942.

[104] Long B, Yang C Z, Pu W H, et al. Tolerance to organic loading rate by aerobic granular sludge in a cyclic aerobic granular reator [J]. Bioresource Technology, 2015, 182: 314-322.

[105] Bassin J P, Kleerebezem R, Dezotti M, et al. Measuring biomass specific ammonium, nitrite and phosphate uptake rates in aerobic granular sludge [J]. Chemosphere, 2012, 89 (10): 1161-1168.

[106] Yang S, Tay J, Liu Y. Inhibition of free ammonia to the formation of aerobic granules [J]. Biochemical Engineering Journal, 2004, 17 (1): 41-48.

[107] Chen F Y, Liu Y Q, Tay J H, et al. Alternating anoxic/oxic condition combined with step-feeding mode for nitrogen removal in granular sequencing batch reactors (GSBRs) [J]. Separation and Purification Technology, 2013, 105 (5): 63-68.

[108] Liu Y, Yang S F, Tay J H. Improved stability of aerobic granules by selecting slow-growing nitrifying bacteria [J]. Journal of Biotechnology, 2004, 108 (2): 161-169.

[109] Li A J, Li X Y, Yu H Q. Aerobic sludge granulation facilitated by activated carbon for partial nitrification treatment of ammonia-rich wastewater [J]. Chemical Engineering Journal, 2013, 218 (3): 253-259.

[110] Isanta E, Figueroa M, Mosquera-Corral A, et al. A novel control strategy for enhancing biological N-removal in a granular sequencing batch reactor: A model-based study [J]. Chemical Engineering Journal, 2013, 232 (10): 468-477.

[111] Morales N, Figueroa M, Fra-Vázquez A, et al. Operation of an aerobic granular pilot scale SBR plant to treat swine slurry [J]. Process Biochemistry, 2013, 48 (8): 1216-1221.

[112] Lotito A, Sanctis M D, Iaconi C D, et al. Textile wastewater treatment: aerobic granular sludge vs activated sludge systems [J]. Water Research, 2014, 54 (5): 337-346.

[113] Franca R D G, Pinheiro H M, Loosdrecht M C M V, et al. Stability of aerobic granules during long-term bioreactor operation [J]. Biotechnology Advances, 2018, 36 (1): 228-246.

[114] 李志华, 郭强, 吴杰, 等. 自养菌污泥致密过程及其污水处理特性研究 [J]. 环境科学, 2010, 31 (3): 738-742.

[115] Bassin J P, Winkler M K H, Kleerebezem R, et al. Improved phosphate removal by selective sludge discharge in aerobic granular sludge reactors [J]. Biotechnology and Bioengineering, 2012, 109 (8): 1919-1928.

[116] Zengin G E, Artan N, Orhon D, et al. Population dynamics in a sequencing batch reactor fed with glucose and operated for enhanced biological phosphorus removal [J]. Bioresource Technology, 2010, 101 (11): 4000-4005.

[117] 王硕, 于水利, 时文歆, 等. 好氧颗粒污泥处理制糖工业废水厌氧出水的除磷特性研究 [J]. 环境科学, 2011, 33 (4): 1293-1298.

[118] De Kreuk M K, Heijnen J J, Van Loosdrecht M C M. Simultaneous COD, nitrogen, and phosphate removal by aerobic granular sludge [J]. Biotechnology and Bioengineering, 2005, 90 (6): 761-769.

[119] Kiran Kumar Reddy G, Nancharaiah Y V, Venugopalan V P. Biodegradation of dibutyl phosphite by Sphingobium sp. AMGD5 isolated from aerobic granular biomass [J]. International Biodeterioration & Biodegradation, 2014, 91: 60-65.

[120] 高景峰, 陈冉妮, 苏凯, 等. 好氧颗粒污泥同时脱氮除磷实时控制的研究 [J]. 中国环境科学, 2010, 30 (2): 180-185.

[121] Ho K L, Chen Y Y, Lin Bin, et al. Degrading high-strength phenol using aerobic granular sludge [J]. Applied Microbiology and Biotechnology, 2010, 85 (6): 2009-2015.

[122] Carucci A, Milla S, Cappai G, et al. A direct comparison amongst different technologies (aerobic granular sludge, SBR and MBR) for the treatment of wastewater contaminated by 4-chlorophenol [J]. Journal of Hazardous Materials, 2010, 177: 1110-1125.

[123] 朱亮, 徐向川, 曹丹凤, 等. 降解苯胺和氯苯胺类污染物好氧污泥颗粒化及微生物种群结构分析 [J]. 微生物学报, 2007, 47 (4): 654-661.

[124] Zhu L, Yu Y W, Xu X Y, et al. High-rate biodegradation and metabolic pathways of 4-chloroaniline by aerobic granules [J]. Process Biochemistry, 2011, 46 (4): 894-899.

[125] Figueroa M, Mosquera-Corrala A, Campos J L, et al. Treatment of saline wastewater in SBR aerobic granular reactors [J]. Water Science and Technology, 2008, 58 (2): 479-485.

[126] Zheng Y M, Yu H Q, Liu S J, et al. Formation and instability of aerobic granules under high organic loading conditions [J]. Chemosphere, 2006, 63 (10): 1791-1800.

[127] Li W, Xiang L, Duu-Jong L, et al. Recent Advances on Biosorption by Aerobic Granular Sludge [J]. Journal of Hazardous Materials, 2018, 357: 253-270.

[128] Liu Y, Xu H, Yang S. A general model for biosorption of Cd^{2+}, Cu^{2+} and Zn^{2+} by aerobic granules [J]. Journal of Biotechnology, 2003, 102 (3): 233-239.

[129] Sun X, Liu C, Ma Y. Enhanced Cu (II) and Cr (VI) biosorption capacity on poly (ethylenimine) grafted aerobic granular sludge [J]. Colloids and Surfaces B, 2011, 82 (2): 456-462.

[130] 刘名, 唐朝春, 袁诚, 等. 干硝化好氧颗粒污泥对 Pb^{2+} 的吸附特性与机理 [J]. 环境科学研究, 2015, 28 (12): 1923-1930.

[131] 张江水, 刘文, 孙卫玲, 等. 胞外聚合物对 Pb^{2+} 和 Cd^{2+} 吸附行为研究 [J]. 北京大学

学报（自然科学版），2013，49（3）：514-522.

[132] Liu Y, Xu H. Equilibrium, thermodynamics and mechanisms of Ni^{2+} biosorption by aerobic granules [J]. Biochemical Engineering Journal, 2007, 35 (2): 174-182.

[133] Sun X F, Ma Y, Liu X W, et al. Sorption and detoxification of chromium (Ⅵ) by aerobic granules functionalized with polyethylenimine [J]. Water Research, 2010, 44 (8): 2517-2524.

[134] Sun F, Sun W L. Biosorption behavior and mechanism of beryllium from aqueous solution by aerobic granule [J]. Chemical Engineering Journal, 2011, 172 (2): 783-791.

[135] Wang L, Wan C, Lee D J, et al. Adsorption-desorption of strontium from waters using aerobic granules [J]. Journal of the Taiwan Institute of Chemical Engineers, 2013, 44 (3): 454-457.

[136] 李善评，李艳艳，方洪琛，等. 钕改性好氧颗粒污泥的培养及其性质研究 [J]. 水处理技术，2012，38（5）：44-47.

[137] Liu Y Q, Kong Y H, Tay J H, et al. Enhancement of start-up of pilot-scale granular SBR fed with real wastewater [J]. Separation and Purification Technology, 2011, 82: 190-196.

[138] Ni B J, Xie W M, Liu S G, et al. Granulation of Activated Sludge In A Pilot-Scale Sequencing Batch Reactor For The Treatment of Low-Strength Municipal Wastewater [J]. Water Research, 2009, 43 (3): 751-761.

[139] 李志华，付进芳，李胜，等. 好氧颗粒污泥处理综合城市污水的中试研究 [J]. 中国给水排水，2011，27（15）：4-8.

[140] Farooqi I H, Basheer F. Treatment of absorbable organic halide (AOX) from pulp and paper industry wastewater using aerobic granules in pilot scale SBR [J]. Journal of Water Process Engineering, 2017, 19: 60-66.

[141] Jungles M K, Figueroa M, Morales N, et al. Start up of a pilot scale aerobic granular reactor for organic matter and nitrogen removal [J]. Journal of Chemical Technology and Biotechnology, 2011, 86 (5): 763-768.

[142] Bartrolí A, Carrera J, Pérez J. Bioaugmentation as a tool for improving the start-up and stability of a pilot-scale partial nitrification biofilm airlift reactor [J]. Bioresource Technology, 2011, 102 (6): 4370-4375.

[143] Isanta E, Suárez-Ojeda M E, Río V D, et al. Long term operation of a granular sequencing batch reactor at pilot scale treating a low-strength wastewater [J]. Chemical Engineering Journal, 2012, 198 (4): 163-170.

[144] Su B, Cui X, Zhu J. Optimal cultivation and characteristics of aerobic granules with typical domestic sewage in an alternating anaerobic/aerobic sequencing batch reactor [J]. Bioresource Technology, 2012, 110: 125-129.

[145] Wei D, Qiao Z, Zhang Y, et al. Effect of COD/N ratio on cultivation of aerobic granular sludge in a pilot-scale sequencing batch reactor [J]. Applied Microbiology and Biotechnology, 2013, 97 (4): 1745-1753.

[146] Sepúlveda-Mardones Mario, José Luis Campos, Albert Magrí, et al. Moving forward in the

use of aerobic granular sludge for municipal wastewater treatment: an overview [J]. Reviews in Environmental Science and Biotechnology, 2019, 18 (4): 741-769.

[147] Pronk M, de Kreuk M K, de Bruin B, et al. Full scale performance of the aerobic granular sludge process for sewage treatment [J]. Water Research, 2015, 7 (84): 207-217.

[148] Światczak P, Cydzik-Kwiatkowska A, Performance and microbial characteristics of biomass in a full-scale aerobic granular sludge wastewater treatment plant [J]. Environmental Science and Pollution Research, 2018, (25): 1655-1669.

[149] Li J, Ding L B, Cai A, et al. Aerobic sludge granulation in a full-scale sequencing batch reactor. Biomed Res Int. 2014: 1-12.

2 SBR 中生物膜促进 AGS 形成

与活性污泥相比，AGS 具有许多优点，如结构紧凑、沉降性能好、耐高有机负荷等[1]。然而，好氧颗粒化的影响因素众多且形成条件较苛刻[1,2]从而大大制约了技术的发展与推广。研究[3]表明，模拟污水下绝大多数 SBR 中成功培养出 AGS 的时间需 1~2 个月，若以实际废水培养则往往耗时更长。虽然好氧颗粒化耗时一般要短于厌氧颗粒污泥反应器的启动时间[4]，但对于实际应用[5]显然还是偏长，毕竟活性污泥或生物膜系统常可在数周内启动成功。生物膜是微生物在载体上附着生长后形成的生物聚集体，与传统活性污泥相比，具有处理效率高、耐冲击负荷强、不易发生污泥膨胀等优点。AGS 通常被认为是微生物在特殊环境下自凝聚的产物，具有许多明显不同于活性污泥的特性，而这些特性与填料上附着生长或脱落下来的生物膜有许多相似之处[6,7]，甚至有学者认为 AGS 就是一种特殊的生物膜[1]。目前，已有研究者通过接种生物膜进行 AGS 培养的研究报道[8]，结果显示的确可缩短好氧颗粒化所需时间。然而，由于成熟的生物膜并不易获得，因此，同一反应器内通过活性污泥增殖形成的生物膜能否加快颗粒化进程是一个值得探索的问题。综上所述，本书作者在 SBR 中添加弹性填料以附着生长生物膜，并在选择压法培养 AGS 的同时不断将附着生长的生物膜剥离至混合液中，以研究该策略是否有利于 AGS 的形成，旨在为 AGS 技术的发展提供技术支持。

2.1 装置及运行方式

2.1.1 实验装置

SBR 的有效体积为 10.21L（直径为 10cm，有效高度为 130cm，H/D 约为 13），换水率为 50%。1~23 天内反应器中填充 1 根弹性填料（高度为 150cm、比表面积为 310m^2/m^3，图 2-1）用于微生物附着生长，第 24 天时取出。压缩空气由无油静音空压机将从反应器底部通入，SGV 控制在 1.2cm/s 左右。装置在冬季室温下运行（白天平均温度 12℃、夜间平均 7℃），无加热、保温设施。

2.1.2 运行方式

反应器启动时接种实验室其他 SBR 中用于强化脱氮的活性污泥，起始 MLSS 约 2500mg/L。反应器采用间歇式运行，循环周期为 6h，包括进水、反应、沉淀

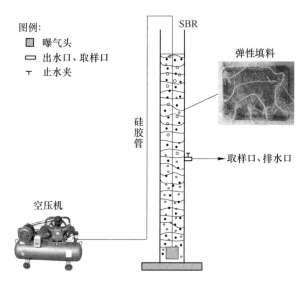

图 2-1　实验装置（彩色图参见文后图 3）

及排水 4 个过程，每天 4 个周期，具体周期组成见表 2-1。接种活性污泥前，将浸湿后的弹性填料取出，立即称量其重量为 W_0，随后在 23 天挂膜过程中每日将其取出刮膜后并测定其湿重变化。未刮膜前弹性填料的重量记为 W_1，刮膜后弹性填料重量记为 W_2。因此，附着在弹性填料上的生物膜重量为（W_1-W_0），刮落的生物膜重量为（W_1-W_2）。

表 2-1　循环周期组成

序号	日期/天	进水/min	好氧反应/min	沉淀/min	排水/min
1	1~3	3	325	30	2
2	4~6	3	345	20	2
3	7~8	3	338	17	2
4	9~15	3	343	12	2
5	16~23	3	348	7	2
6	24~25	3	350	5	2
7	26~28	3	352	3	2
8	29~30	3	353.5	1.5	2
9	31~42	3	354	1	2

2.2　模拟污水

模拟污水以乙酸钠为碳源、氯化铵为氮源、磷酸二氢钾为磷源，同时添加微生物生长所需的钙、镁、铁、铜、镍、锌等元素，具体配方见表 2-2，其对应的进水 COD、氨氮、TP 浓度分别为 600mg/L、30mg/L 及 6mg/L（其他污染物浓度按此对应关系成比例调整），COD 容积负荷为 2.4kg/（m³·d）。

表 2-2　模拟污水组成

常量元素组分	浓度/mg·L⁻¹	微量元素组分	浓度/g·L⁻¹
CH_3COONa	879	H_3BO_3	0.25
NH_4Cl	114.64	$CoCl_2 \cdot 6H_2O$	0.25
KH_2PO_4	26.32	$CuCl_2$	0.15
$CaCl_2$	100	$MnSO_4$	0.25
$FeSO_4 \cdot 7H_2O$	18	$AlCl_3$	0.25
$MgSO_4$	20	$ZnCl_2$	0.25
		$NiCl_2$	0.25
		$Na_2Mo_7O_{24} \cdot 2H_2O$	0.25

2.3　样品采集及分析测试方法

2.3.1　取样及保存

取样口设置在反应器中部（50%有效高度处）。每天定期在曝气状态下于取样口取 120mL 泥水混合物，即为泥样，用于污泥指标（如 SVI、MLSS、SOUR、EPS 等）检测。收集连续两个周期各 100mL 反应器沉淀后排水，经离心后取上清液，混合后即为综合水样，用于测定出水中各污染物（如 COD、氨氮、TP 等）的日均值；周期试验水样为反应器内泥水混合物沉淀离心后的上清液。经处理后的水样冷藏于 0~4℃冰箱内，分析测试时间不超过 24h。

2.3.2　分析方法

分析结果主要通过观察常规指标、污泥形态、粒径分布、颗粒化率、平均粒径、EPS 及 PN/PS 等得到。

（1）常规指标。pH、电导率、ORP、COD、TN、氨氮、亚硝态氮、TP、SS、SV、SVI、MLSS、MLVSS 均采用国家标准分析方法测定[9]，采用麝香草酚分光光度法测定硝态氮，TIN（总无机氮）为氨氮、亚硝态氮及硝态氮三者之和；污泥含水率的测定采用《城市污水处理厂污泥检验方法》（CJ/T 221—2005）中推荐的重量法。

（2）污泥形态。使用高清数码照相机记录 AGS 的宏观形态变化。使用双目倒置显微镜（TS100-F，Nikon）观察污泥的微观形态。

（3）粒径分布、颗粒化率及平均粒径。AGS 粒径分布采用标准筛筛分测定，标准筛孔径分别为：0.30mm、0.60mm、1.0mm、1.43mm、2.0mm、3.0mm 及 4.0mm，测量经筛分后各标准筛上截留的污泥的重量，计算其占总污泥量的百分比后得到粒径分布情况（大于 0.30mm 的视为颗粒，其所占质量分数称为颗粒化率），平均粒径从筛上累积质量百分曲线上查出，对应的累积筛上、筛下污泥百分数均为 50%。随机从各孔径的标准筛上取出若干个 AGS，在 100mL 量筒中测定污泥的沉降速度，污泥在单位时间内下降的高度即为单个颗粒的沉降速度，将上述不同粒径的颗粒的沉降速度进行算术平均即为 AGS 的平均沉速。

（4）EPS 及 PN/PS。1）将摇匀后的污泥样品 10mL 放置于离心管中，4000r/min 下离心 10min，去上清液，污泥沉于管底后滴加适量磷酸盐缓冲液至管标线 10mL，以上操作重复 2 次。2）样品放置于 80℃ 恒温水浴中加热 60min，然后在 10000r/min 下离心 10min，以充分提取 EPS，上清液过滤后用于 LB-EPS 分析。3）蛋白质（PN）测定采用考马斯亮蓝（G250）试剂法[10]，多糖（PS）测定采用硫酸-苯酚法[11]。

2.4　污泥形态变化

前 3 天内黄色的生物膜主要附着在弹性填料的液面与大气的分界面处，第 4 天开始在液面下观察到生物膜，此后填料上附着的生物膜量逐渐增加，23 天时生物膜几乎覆盖整个填料。培养过程中弹性填料上生物膜的附着量及刮膜量如图 2-2 所示。1~3 天由于挂膜量较小、13~15 天由于污泥出现明显膨胀，故这两段时间未刮膜。其余时间每天从填料上刮取部分粘稠的生物膜，直至 24 天时将弹性填料从反应器中取出并将附着的绝大多数生物膜刮下。

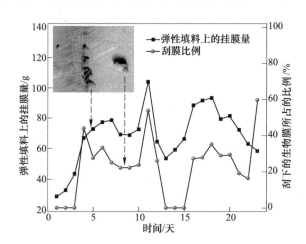

图 2-2　生物膜附着量及刮膜比例（彩色图参见文后图 4）

前 4 天内反应器混合液中几乎全部是松散的絮状污泥（见图 2-3），伴随着混合液中游离态生物膜增加，第5天首次观察到不规则的生物胶团，第6天观察到了小颗粒。随后，二者在反应器内的比例不断增加，第22天开始AGS已在反应器内占主导，第30天时AGS已占绝对优势、但大部分为不规则的小颗粒。随后的5天内可观察到大颗粒的比例明显增加，而36天以后没有观察到颗粒形状的明显变化。最终，试验培养出淡黄色、形状不规则的AGS。

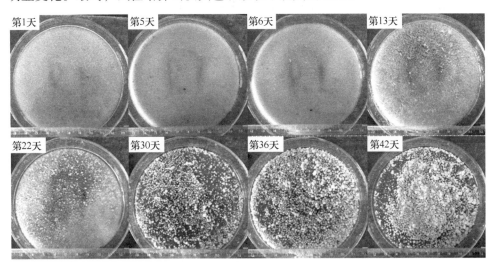

图2-3 污泥形态变化（标尺为5mm，彩色图参见文后图5）

2.5 污泥理化特性变化

2.5.1 污泥沉降性能

前4天内SVI不断减小（图2-4（a）），但随着沉降时间的缩短，随后的11天内SVI整体呈增大趋势，并在第15天时达到最大值194.30mL/g，由于污泥沉降性能急剧恶化，表明混合液中污泥发生了膨胀。随着重新开始刮膜，随后的15天内SVI又整体呈下降趋势，并在第30天时达到最小值23.84mL/g。此后，SVI逐渐趋于稳定，保持在25.81~37.34mL/g之间。SV_{30}/SV_5在前8天内变化不大，基本保持在59.09%~69.23%之间。SV_{30}/SV_5在9~21天内整体呈减小趋势（91.67%~57.14%），第22天开始基本保持在90%以上。研究[12]表明：成熟AGS的SV_{30}与SV_5的偏差小于10%。结合污泥形态变化结果，表明36天后AGS已趋于成熟。

2.5.2 MLSS 及 MLVSS/MLSS

MLSS在前5天内整体呈增大趋势（3.95~7.96g/L，见图2-4（b）），这段时

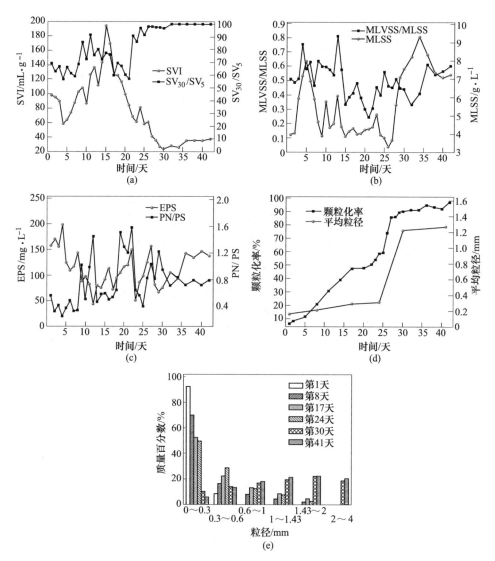

图 2-4　培养过程中污泥理化特性变化

(a) SVI & SV_{30}/SV_5；(b) MLSS & MLVSS/MLSS；(c) EPS&PN/PS；

(d) 颗粒化率 & 平均粒径；(e) 粒径分布变化

间 MLSS 的显著增加主要是本试验的 COD 负荷远高于接种前污泥反应器的负荷所致。随着沉降时间的缩短及排泥量的增大，MLSS 在随后的 21 天内整体呈下降趋势，并在第 26 天时达到最小值 3.29g/L。随着沉降性能良好的 AGS 在反应器中逐渐占据绝对优势，随后的 8 天里 MLSS 迅速增大，并在第 34 天时达到最大值 9.30g/L。此后 MLSS 逐渐趋于稳定，保持在 7.08~7.34g/L 之间。除个别波动较大点外，MLVSS/MLSS 在前 12 天内变化不大（一般在 0.47~0.60 之间），第 13 天时 MLVSS/MLSS 突然增大至 0.81，预示着污泥膨胀的开始。由于大量膨胀污泥被排出反应器，随后的 8 天内 MLVSS/MLSS 整体呈下降趋势，并在第 21 天时达到最小值 0.24。此后的 13 天内 MLVSS/MLSS 整体呈上升趋势（0.31~0.56），36 天以后逐渐趋于稳定，并维持在 0.54~0.61。

2.5.3 EPS 及 PN/PS

EPS 含量在前 12 天内整体呈下降趋势，并在第 12 天时降至最小值 43.83mg/g MLVSS（图 2-4（c））。接种污泥的高 EPS 主要得益于较高的亚硝化细菌含量，已有研究[13,14]表明自养菌的富集可分泌更多的 EPS。因此大量絮状污泥排出导致了硝化细菌的数量大幅度减少，从而导致了 EPS 的显著减小。此后的 22 天内 EPS 波动较大（50.82~156.72mg/g），36 天后逐渐趋于稳定，维持在 134.23~146.49mg/g 之间。PN/PS 在前 8 天内变化不大，基本维持在 0.3~0.5 之间。随后的 22 天内 PN/PS 波动较大（0.40~1.58），第 32 天开始 PN/PS 逐渐趋稳，保持在 0.71~0.84 之间。培养过程中 EPS 及 PN/PS 均出现较大波动，推测主要是这段时间内活性污泥、生物膜及 AGS 处于激烈地相互作用的不稳定状态造成。

2.5.4 颗粒化率及粒径分布

颗粒化率在前 29 天内保持增大趋势，但前 22 天内颗粒化率增幅减小，直到第 22 天时首次超过 50%（图 2-4（d））。第 24 天时大量生物膜进入混合液后颗粒化率迅速增加，30 天以后颗粒化率保持在 90% 以上。以实验室提出的反应器内颗粒化率首次超过 90% 视为培养成功的标准[15]，并结合观察到的污泥形态变化，本试验于冬季在 30 天内成功实现了好氧颗粒化。培养过程中平均粒径保持增大趋势，但前 24 天内增长缓慢。随着游离态生物膜大量进入混合液中，反应器内大颗粒的比例不断增加，导致 30 天后平均粒径增大至 1.2mm 以上。

粒径分布的变化趋势是絮状污泥质量百分数逐渐减小（93.82%~5.60%），而颗粒污泥的比例逐渐增加（图 2-4（e））。然而，不同粒径范围的颗粒的质量百分数变化则略有差异：除 0.3~0.6mm 范围内的颗粒污泥呈先增大后减小趋势外，0.6~1mm、1~1.43mm、1.43~2mm 及 2~4mm 区间的颗粒均整体呈增大趋势。随着大量生物膜进入混合液，24 天以后 1mm 以上颗粒比例显著增大，但各区间内的颗粒污泥的比例分布变得更加均匀（13%~22%）。

2.6 反应器对污染物去除效果

2.6.1 COD 及 TP 去除效果

反应器对进水 COD 具有较好的去除效果（图 2-5（a）），除第 4 天开始刮膜等少数天数出水 COD 较高外，其余时间均可保持在 100mg/L 以下，去除率高达 90% 以上。出水 TP 在前 11 天内波动较大（0.11~3.16mg/L）。此后，出水 TP 变化趋于平缓，逐渐稳定在 1.0mg/L 以下，对应的去除率基本维持在 80% 以上。

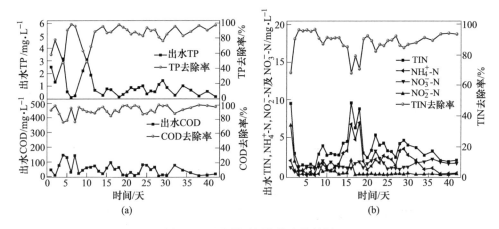

图 2-5　反应器对污染物去除效果

（a）出水 COD、TP 及它们的去除率；（b）出水四态氮 &TIN 去除率变化

2.6.2　TIN 去除效果

反应器的脱氮效果除第 1 天及第 16~18 天较差外，其余时间均较稳定，氨氮一般在 3.50mg/L 以下，出水 TIN 一般可保持在 5.30mg/L 以下，对应的去除率保持在 82% 以上（图 2-5（b））。硝态氮略有积累（最大不超过 3.2mg/L），并逐渐成为出水 TIN 的主要贡献者，而亚硝态氮一般在 0.70mg/L 以下。

2.6.3　典型周期内污染物降解规律

典型周期内 COD、TIN、NH_4^+-N 和 TP 呈明显下降趋势，硝态氮略有上升，而亚硝态氮始终保持在较低水平（图 2-6（a））。从 180min 后死 COD 保持在 100mg/L 以下，表明反应器内存在约 180min 的饥饿期。研究表明：适当的饥饿期被认为是有利于 AGS 的稳定性维持[12,16]。150 分钟后，TIN 和 NH_4^+-N 分别小于 2mg/L 和 1mg/L，TP 亦逐渐耗尽，表明反应器实现了同步脱氮除磷。

如图 2-6（b）所示，前 75min 内 DO 在 6.64~6.93mg/L 之间，这主要是这段时间内进水 COD 被微生物快速吸附降解所致。此后，DO 保持在 7.67~8.1mg/L 之间。前 75min 内 ORP 呈明显下降趋势（-51~-170mV），这与这段时间内 DO 被大量消耗相符。此后，由于有机物被消耗殆尽及 DO 的升高，ORP 逐渐上升，135min 后保持在 -115mV 左右。pH 值变化不大，保持在 8~9，主要是基质中较高的钙镁离子浓度为原水提供了充足的碱度。

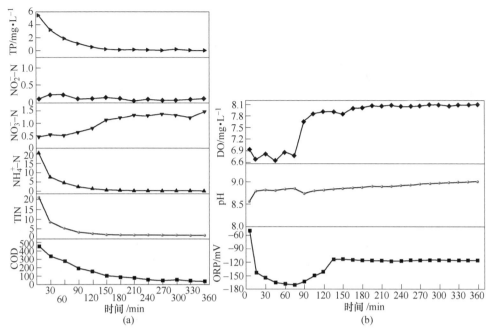

图 2-6 典型周期内污染物降解规律

(a) COD、四种氮及 TP 变化；(b) ORP、pH 及 DO 变化

2.7 AGS 的形成机理探讨

选择压假说[17]是目前用于解释 AGS 形成较流行的假说之一，该假说认为在高选择压下微生物通过相互凝聚以抵抗恶劣的环境、最终形成 AGS。培养过程中的水力选择压包括较大的 SGV（1.2cm/s）和逐渐缩短的沉降时间（30s～1min），而较高的有机负荷（2.4kg/（m³·d））则为微生物提供了必要的生物选择压。根据污泥形态变化及颗粒化率可知，颗粒化率与进入混合液中的游离态生物膜量成正比，特别是第 24 天时游离生物膜大量进入混合液导致颗粒化率的大幅增加。另外，实测 8～23 天内附着于弹性填料上生物膜的 EPS 在 86.78～95.56mg/g MLVSS 之间（PN/PS 为 1.12～1.34），与混合液中污泥的 EPS 含量相当，但是远低于 36 天后的成熟 AGS 含量（134.23～142.72mg/g MLVSS）。因此，有理由推测游离态生物膜进入混合液后发挥了"晶核"的作用[18]，而较高水力选择压下微生物分泌的大量 EPS[17]有效促使松散生物膜转化为致密的 AGS（图 2-7）。通常，絮状污泥在选择压的作用下逐渐转化为 AGS[3]常需要较长的时间，相比之下，絮状污泥转化为生物膜则较为容易，加之游离态生物膜又可快速转化为 AGS，因而可缩短 AGS 形成所需的时间。

选择压法是目前用于 AGS 培养的主流方法，但到目前为止始终未形成一套

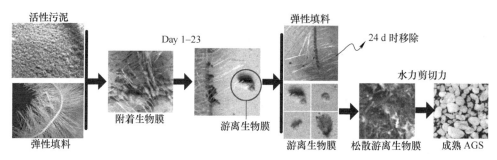

图 2-7　好氧颗粒污泥快速形成机理（彩色图参见文后图 6）

统一的操作模式，且沉淀时间或污泥排放量操作不当容易引起污泥膨胀等异常。本研究中由于絮状污泥排放量过大，污泥负荷（F/MF 为食物质量，M 为微生物质量）在 13~15 天期间由 0.40 迅速增加至 0.62，导致混合液中的污泥发生了明显的膨胀现象。然而，弹性填料上生物膜的存在极大地提高了系统稳定性，使得系统可在短时间内恢复正常。值得一提的是，弹性填料是污水处理中常见的性价比较高的环保材料。因此，通过"絮状污泥→附着态生物膜→游离态生物膜→AGS"的转化模式不仅可缩短 AGS 形成所需时间，亦可大大提高选择压法的可靠性。

参 考 文 献

[1] Winkler M K H, Meunier C, Henriet O, et al. An integrative review of granular sludge for the biological removal of nutrients and recalcitrant organic matter from wastewater [J]. Chemical Engineering Journal, 2018, 336: 489-502.

[2] Sousa R S L D, Mendes B A R, Milen F P I, et al. Aerobic granular sludge: cultivation parameters and removal mechanisms [J]. Bioresource Technology, 2018, 270: 678-688.

[3] 龙焙，程媛媛，朱易春，等. 好氧颗粒污泥的快速培养研究进展 [J]. 中国给水排水，2018, 34 (2): 31-36.

[4] Lim S J, Kim T H. Applicability and trends of anaerobic granular sludge treatment processes [J]. Biomass & bioenergy, 2013, 60: 189-202.

[5] Mario Sepúlveda-Mardones, José Luis Campos, Albert Magrí, et al. Moving forward in the use of aerobic granular sludge for municipal wastewater treatment: an overview [J]. Reviews in Environmental Science and Biotechnology, 2019, 18 (4): 741-769.

[6] Adav S S, Lee D J, Tay J H. Extracellular polymeric substances and structural stability of aerobic granule [J]. Water Research, 2008, 42: 1644-1650.

[7] Liu Y, Tay J H. The essential role of hydrodynamic shear force in the formation of biofilm and granular sludge [J]. Water Research, 2002, 36: 1653-1665.

［8］ Yang G F, Feng L J, Yang Q, et al. Startup pattern and performance enhancement of pilot-scale biofilm process for raw water pretreatment ［J］. Bioresource Technology, 2014, 172: 22-31.

［9］ 国家环境保护总局. 水和废水监测分析方法 ［M］.4 版. 北京: 中国环境科学出版社, 2006.

［10］ Gerhardt P, Murray R G E, Wood W A, et al. Methods for general and molecular bacteriology ［M］. Washington, DC: American Society for Microbiology, 1994.

［11］ Lowry O H, Rosebrough N J, Farn A L, et al. Protein measurement with the folin phenol reagent ［J］ J Biol Chem, 1951, 193: 265-275.

［12］ Liu Y Q, Tay J H. Characteristics and stability of aerobic granules cultivated with different starvation time ［J］. Applied Microbiology and Biotechnology, 2007, 75: 205-210.

［13］ Chen H, Ma C, Yang G F, et al. Floatation of flocculent and granular sludge in a high-loaded anammox reactor ［J］. Bioresource Technology, 2014, 169: 409-415.

［14］ Huang W L, Wang W L, Shi W S, et al. Use low direct current electric field to augment nitrification and structural stability of aerobic granular sludge when treating low COD/NH_4^+-N wastewater ［J］. Bioresource Technology, 2014, 171: 139-144.

［15］ Long B, Yang C Z, Pu W H, et al. Rapid cultivation of aerobic granular sludge in a continuous flow reactor ［J］. Journal of Environmental Chemical Engineering, 2015, 3 (4): 2966-2973.

［16］ Pijuan M, Werner U, Yuan Z G. Effect of long term anaerobic and intermittent anaerobic/aerobic starvation on aerobic granules ［J］. Water Research, 2009, 43: 3622-3632.

［17］ Liu Y, Wang Z W, Qin L, et al. Selection pressure-driven aerobic granulation in a sequencing batch reactor ［J］. Applied Microbiology and Biotechnology, 2005, 67: 26-32.

［18］ Lettinga G, Velsen A F M V, Hobma S W, et al. Use of the upflow sludge blanket (USB) reactor concept for biological wastewater treatment, especially for anaerobic treatment ［J］. Biotechnology and Bioengineering, 1980, 22: 699-734.

3 培养过程中接种部分厌氧颗粒污泥促进 AGS 形成

AGS 被认为是 21 世纪极具发展前景的高效废水生物处理技术[1]。然而，AGS 的形成是一个微生物逐步筛选与淘汰的过程[2]，不仅耗时费力，亦大大限制了技术的推广与应用。研究[1,3,4]表明，模拟污水下绝大多数 SBR 中成功培养出 AGS 的时间常需一个月以上，而若以实际废水培养 AGS 则往往耗时更长。因此，研究 AGS 的快速培养方法具有现实意义。在已报道的各种快速培养研究中，预接种部分成熟 AGS 已被证明可明显加快好氧颗粒化的进程[5~8]。然而，由于 AGS 较苛刻的形成条件[9]及不稳定性[10]，导致 AGS 的大规模的接种尚缺乏必要的外部环境。相比之下，厌氧颗粒污泥在 20 世纪 80 年代就已实现商业化运作，不仅较易获取且具有较好的稳定性，是作为 AGS 培养种泥的不错选择。遗憾的是，研究[11~13]表明：预接种厌氧颗粒污泥进行 AGS 培养这种培养模式并不会明显缩短好氧颗粒化的进程，而且涉及专性厌氧菌向兼氧或好氧菌的菌群演替，并常常会观察到明显的颗粒解体及重新颗粒化过程。为有效利用厌氧颗粒污泥资源、避免其在启动初期较长沉降时间下失稳，本书作者首先接种絮状活性污泥启动反应器，探索选择压法培养 AGS 的过程中接种部分厌氧颗粒污泥对好氧颗粒化进程的影响，旨在为 AGS 的发展提供技术支持。

3.1 装置及运行方式

3.1.1 实验装置

柱状 SBR 的内径为 10.5cm，有效高度 180cm（高径比 17），有效容积 15.58L，换水率为 50%。压缩空气由无油静音空压机将从反应器底部通入，SGV 控制在 1.2cm/s 左右。装置在冬季室温下运行（白天平均温度 15℃、夜间平均 7℃），无加热、保温设施。

3.1.2 运行方式

反应器采用间歇运行模式，循环周期为 6h，包括进水、反应、沉淀及排水 4 个过程，每天 4 个周期，除第 11 天接种厌氧颗粒污泥时设置一段 60min 的厌氧段外，其余天数内均为好氧反应。培养过程中根据污泥沉降性能缩短沉降时间以逐步提高选择压，具体周期组成见表 3-1。

表 3-1 循环周期组成

时间/天	进水/min	厌氧/min	曝气/min	沉淀/min	排水/min
1~3	3	0	325	30	2
4~6	3	0	340	15	2
7~8	3	0	343	12	2
9~10	3	0	348	10	2
10~13	3	60	288	7	2
14~19	3	0	350	5	2
20~25	3	0	352	3	2
26~30	3	0	353.5	1.5	2
31~42	3	0	354	1	2

3.2 接种污泥及模拟污水

3.2.1 接种污泥

反应器启动时首先接种实验室用于超声强化脱氮研究的活性污泥，起始 MLSS 约 2600mg/L。待反应器沉降时间将至 10min 时（第 11 天）接种约 20%（质量分数，相比于当天测得的反应器的 MLSS）的厌氧颗粒污泥（图 3-1）。该实验室长期储存的厌氧颗粒污泥理化指标如下：EPS 及 PN/PS 为 29.54mg/g 及 1.46、MLVSS/MLSS 为 0.42、颗粒化率为 79.31%。

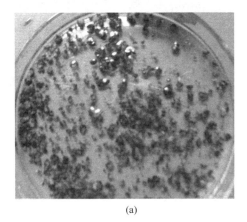
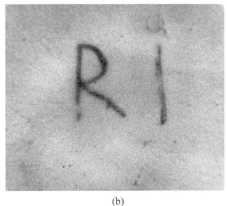

(a) (b)

图 3-1 接种污泥（标尺为 5mm，彩色图参见文后图 7）

（a）厌氧颗粒污泥；（b）活性污泥

3.2.2 模拟污水

模拟污水 COD、氨氮、TP 浓度分别为 600mg/L、30mg/L 及 6mg/L，具体配方见表 2-2，COD 容积负荷为 2.4kg/(m³·d)。样品采集及分析测试方法参见第 2.3 节所述。

3.3 污泥形态变化

第 1 天时反应器内松散的絮状污泥占绝对优势（图 3-2），但随着沉降时间的缩短及沉降性能差的污泥被逐渐排出，反应器内菌胶团的比例不断增加，第 6 天时肉眼即可观察到一些明显的生物胶团，到第 11 天接种厌氧颗粒污泥时反应器内已出现少量 AGS。虽然 11~17 天反应器内黑色厌氧颗粒污泥的比例迅速减小，但并未观察到 AGS 比例的显著增加，相反，每次排水时排水口以上都会有大量难以沉降的絮状污泥。此后，随着菌胶团及淡黄色的 AGS 的比例则不断增加，第 22 天时不规则的 AGS 已处于主导地位，第 26 天时已占据绝对优势，此后除大颗粒的比例有所增加外、并未观察到 AGS 形态的明显变化。

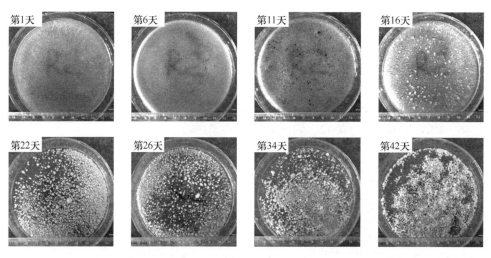

图 3-2 污泥形态变化（标尺为 5mm，彩色图参见文后图 8）

3.4 污泥理化特性变化

3.4.1 污泥沉降性能

SV_{30}/SV_5 及 SVI 可定性反映污泥的沉降性能，它们的变化如图 3-3（a）所示。从图中可知，前 16 天内 SVI 整体呈增大趋势，并在第 16 天时达到最大值 137.69mL/g，这与观察到的这段时期内每次排水时仍有大量絮状污泥难以下沉是一致的。但随着 AGS 比例的增加，随后的 5 天内 SVI 整体呈减小趋势。从第 22 天开始 SVI 逐渐趋于稳定，保持在 50mL/g 以下。前 21 天内 SV_{30}/SV_5 处于较大的波动之中（55.43%~92.86%），但从第 22 天开始 SV_{30}/SV_5 逐渐趋于稳定，几乎保持在 100%。研究[14]表明：成熟 AGS 的 SV_{30} 与 SV_5 的偏差小于 10%。结合污泥形态变化，结果表明 26 天后 AGS 已趋于成熟。

3.4.2 污泥浓度

MLSS 在前 5 天内持续升高，并在第 5 天时达到最大值 10.5g/L（图 3-3（b））。初期污泥量的显著增加主要是本试验中所采用的有机负荷要大大高于接种污泥所在反应器所致。随着排泥量的增大，随后的 21 天内 MLSS 整体呈减小趋势，并在第 26 天时达到最小值 3.21g/L。此后 MLSS 又逐渐升高并趋于稳定，最终保持在 8.1g/L 左右。前 14 天内 MLVSS/MLSS 变化不大，基本保持在 0.50~0.60 之间。随后的 5 天内 MLVSS/MLSS 整体呈减小趋势，并在第 19 天时达到最小值 0.22。随后的 9 天内 MLVSS/MLSS 先迅速升高随后又小幅下降，29 天以后 MLVSS/MLSS 逐渐趋于稳定，保持在 0.36~0.42 之间。

3.4.3 EPS 及 PN/PS

EPS 是微生物分泌的惰性黏性物质，其中，PS 和 PN 是 EPS 的主要组成成分，研究[15~17]表明 EPS 对于 AGS 的形成具有积极意义。EPS 在前 10 天内整体呈减小趋势，并在 10 天时达到最小值 60.60mg/g（图 3-3（c））。第 11 天接种厌氧颗粒污泥时 EPS 突然增大至 142.25mg/g，但随后由于厌氧颗粒污泥的大量解体，第 14 天时突然减小至 68.43mg/g。此后的 20 天内 EPS 整体呈先增大后减小趋势，但 36 天后逐渐趋于稳定，保持在 129.54~155.46mg/g 之间。虽然 PN/PS 波动较大，但其在前 29 天内整体呈增大趋势（0.25~1.29）。此后 PN/PS 逐渐趋于稳定，保持在 0.76~0.97 之间。由于培养过程中大部分时间内 PS 的分泌量要大于 PN，表明 PS 对 AGS 的形成发挥了更重要的作用。

3.4.4 颗粒化率及粒径分布

前 25 天内颗粒化率整体呈增大趋势，由接种絮状污泥的 6.18% 增大至 88.18%。第 26 天时颗粒化率首次超过 90%，此后逐渐趋于稳定（图 3-3（d））。以课题组提出的反应器内颗粒化率首次超过 90% 视为培养成功的标准[8]，并结合观察到的污泥形态变化，本研究于 26 天内成功实现了好氧颗粒化。培养过程中平均粒径保持增大趋势，虽然第 11 天时接种了部分厌氧颗粒污泥，但前 17 天内平均粒径增长缓慢（0.16~0.32mm）。随着 AGS 的形成及大量絮状污泥被排出反应器，此后平均粒径增长迅速，最终增大至 1.48mm。

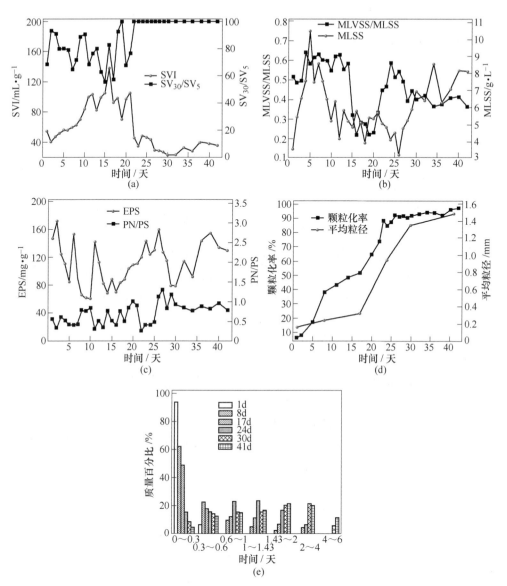

图 3-3　培养过程污泥理化特性变化

（a）SVI & SV$_{30}$/SV$_5$；（b）MLSS&MLVSS/MLSS；（c）EPS&PN/PS；

（d）颗粒化率及平均粒径；（e）粒径分布变化

　　粒径变化的整体趋势是絮状污泥比例的持续减小（93.82%~4.57%），而颗粒污泥的比例则不断增加（图 3-3（e））。然而，不同粒径范围内的颗粒污泥的比例变化则各不相同：0.3~0.6mm 内 AGS 整体呈先减小趋势，而 0.6~1mm、1~1.43mm、1.43~2mm 及 2~4mm 内 AGS 整体呈增大趋势并逐渐趋于稳定，且以上部分颗粒的分布比例逐渐趋于均匀；4mm 以上 AGS 的比例从无到有并逐渐增大，这与观察到的 26 天以后大颗粒的出现相符。

3.5 反应器对污染物去除效果

3.5.1 COD 去除效果

培养过程中反应器表现出良好的 COD 去除效果，出水 COD 大部分时间内保持在 50mg/L 以下，对应的去除率常在 90% 以上（图 3-4（a））。虽然出水 TP 波动较大，但整体呈减小趋势（5.20~0.21mg/L），34 天后出水 TP 逐渐趋于稳定，保持在 0.79mg/L 以下，对应的去除率保持在 86.83% 以上（图 3-4（b））。

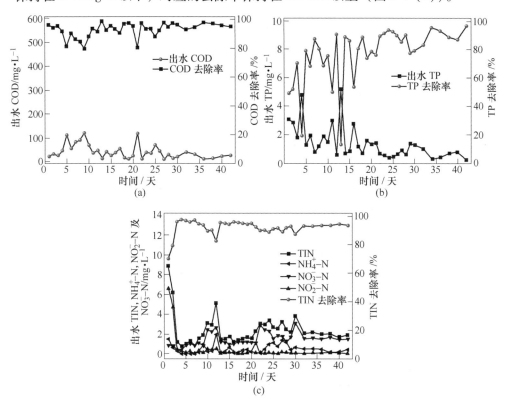

图 3-4　反应器对污染物去除效果

（a）出水 COD 及其去除率；（b）出水 TP 及其去除率；（c）出水四种氮及 TIN 去除率

3.5.2 TIN 去除效果

除少数波动点外，反应器对 TIN 及氨氮表现出较好的去除效果，出水氨氮常在 1.0mg/L 以下，而 TIN 常在 4.0mg/L 以下，对应的去除率常在 90% 以上（图

3-4（c））。亚硝态氮常在 0.5mg/L 以下，未见稳定积累，而硝态氮略有积累（常在 1.0~3.0mg/L 之间），但并不明显。

3.5.3 污染物周期变化规律

典型周期内 COD、TIN、氨氮及 TP 呈明显的减小趋势（图 3-5（a）），表明 SBR 内呈明显的推流特性。180min 以后 COD 保持在 100mg/L 以下，表明反应器内存在着一段 180min 的贫营养期，而研究[14,18,19] 表明适当的贫富营养期有利于 AGS 的形成。随着反应的进行，氨氮及 TP 被逐渐消耗殆尽，亚硝态氮始终保持在较低水平，而硝态氮整体呈增大趋势（0.47~1.46mg/L 之间），并逐渐成为 TIN 的主要贡献者。试验数据表明同一反应器内成功实现了有机物去除及同步脱氮除磷效果。

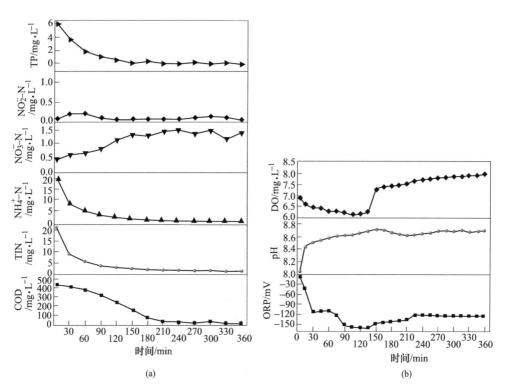

图 3-5 典型周期内污染物降解规律

（a）COD，TIN，NH₄⁺-N，亚硝态氮及硝态氮变化；（b）pH，DO 及 ORP 变化（41 天）

前 135min 内 DO 整体呈下降趋势（图 3-5（b）），并在 105min 时达到最小值 6.12（约为饱和 DO 的 64%）。此后，由于混合液中可利用的碳源逐渐减少，DO 呈小幅上升趋势，并在 360min 时升高至最大值 8.01mg/L（约为饱和 DO 的

84%)。pH 整体呈小幅上升趋势，始终保持在 8~9 之间。混合液呈明显的碱性说明反应器内反硝化作用（产碱）要强于硝化作用（产酸）。ORP 在前 135min 内整体呈减小趋势，并在 135min 时达到最小值-161mV，表明混合液的还原性在增强，这与前 135min 内 DO 被大量消耗相一致。随后 ORP 整体呈小幅升高趋势，225min 后 ORP 逐渐趋于稳定，保持在-120~-124mV 之间。

3.6 AGS 的形成机理

培养过程中接种部分厌氧颗粒污泥策略中 AGS 的形成机理包括选择压假说[20]及晶核假说[21]。培养过程中较大的水力剪切力（1.2cm/s 左右）及不断缩短的沉降时间（30→1min）为絮状污泥向 AGS 的转化提供了必要的选择压，试验过程中观察到的絮状污泥比例的减小，而菌胶团及 AGS 比例的增加正是选择压法筛选的结果。虽然培养过程中并未检测到厌氧颗粒污泥与絮状污泥或 AGS 的直接相互作用证据，但观察到的接种厌氧颗粒污泥后反应器沉淀时排水口以上的大量絮状污泥表明其首先经历了大量解体过程，而监测到的 SVI、颗粒化率及平均粒径的变化从侧面印证了解体后的厌氧颗粒污泥发挥了晶核及载体的作用。因此，本研究在这两种假说的作用下，于 26 天内成功培养出了结构致密的 AGS。

参 考 文 献

[1] Mario Sepúlveda-Mardones, José Luis Campos, Albert Magrí, et al. Moving forward in the use of aerobic granular sludge for municipal wastewater treatment: an overview [J]. Reviews in Environmental Science and Biotechnology, 2019, 18 (4): 741-769.

[2] 郭安，王然登，彭永臻. 好氧颗粒污泥形成及稳定运行的研究进展 [J]. 水处理技术，2015, 41 (1): 15-19.

[3] 龙焙，程媛媛，朱易春，等. 好氧颗粒污泥的快速培养研究进展 [J]. 中国给水排水，2018, 34 (2): 31-36.

[4] Sousa R S L D, Mendes B A R, Milen F P I, et al. Aerobic granular sludge: cultivation parameters and removal mechanisms [J]. Bioresource Technology, 2018, 270: 678-688.

[5] Pijuan M, Werner U, Yuan Z. Reducing the startup time of aerobic granular sludge reactors through seeding floccular sludge with crushed aerobic granules [J]. Water Research, 2011, 45 (16): 5075-5083.

[6] Verawaty M, Pijuan M, Yuan Z, et al. Determining the mechanisms for aerobic granulation from mixed seed of floccular and crushed granules in activated sludge wastewater treatment [J]. Water Research, 2012, 46 (3): 761-771.

[7] 熊光城，濮文虹，杨昌柱. 预加不同比例不同粒径好氧颗粒对 SBR 中好氧颗粒污泥形成的影响 [J]. 环境科学，2013, 34 (4): 1472-1478.

[8] Long B, Yang C Z, Pu W H, et al. Rapid cultivation of aerobic granular sludge in a continuous flow reactor [J]. Journal of Environmental Chemical Engineering, 2015, 3 (4): 2966-2973.

[9] Liu Y, Tay J H. The Essential Role of Hydrodynamic Shear Force in the Formation of Biofilm and Granular Sludge [J]. Water Research, 2002, 36 (7): 1653-1665.

[10] 唐朝春, 简美鹏, 刘名, 等. 强化好氧颗粒污泥稳定性的研究进展 [J]. 化工进展, 2013, 32 (4): 919-924.

[11] Hu L L, Wang J L, Wen X H, et al. The formation and characteristics of aerobic granules in sequencing batch reactor (SBR) by seeding anaerobic granules [J]. Process Biochemistry, 2005, 40 (1): 5-11.

[12] 张英, 郎咏梅, 赵玉晓, 等. 由 EGSB 厌氧颗粒污泥培养好氧颗粒污泥的工艺探讨[J]. 山东大学学报 (工学版), 2006, 36 (4): 56-59.

[13] Muda K, Aris A, Salim M R, et al. Development of granular sludge for textile wastewater treatment [J]. Water Research, 2010, 44 (15): 4341-4350.

[14] Liu Y Q, Tay J H. Characteristics and stability of aerobic granules cultivated with different starvation time [J]. Applied Microbiology Biotechnology, 2007, 75 (1): 205-210.

[15] 闫立龙, 刘玉, 任源. 胞外聚合物对好氧颗粒污泥影响的研究进展 [J]. 化工进展, 2013, 32 (11): 2744-2756.

[16] Seviour T, Yuan Z, Van Loosdrecht M C, et al. Aerobic sludge granulation: a tale of two polysaccharides [J]. Water Research, 2012, 46 (15): 4803-4813.

[17] 王晓慧, 刘永军, 刘喆, 等. 用三维荧光和红外技术分析好氧颗粒污泥形成初期胞外聚合物的变化 [J]. 环境化学, 2016, 35 (1): 125-132.

[18] Liu Y Q, Wu W W, Tay J H, et al. Starvation is not a prerequisite for the formation of aerobic granules [J]. Applied Microbiology and Biotechnology, 2007, 76 (1): 211-216.

[19] Pijuan M, Werner U, Yuan Z. Effect of long term anaerobic and intermittent anaerobic/aerobic starvation on aerobic granules [J]. Water Research, 2009, 43 (14): 3622.

[20] Liu Y, Wang Z W, Qin L, et al. Selection pressure-driven aerobic granulation in a sequencing batch reactor [J]. Applied Microbiology and Biotechnology, 2005, 67 (1): 26-32.

[21] Lettinga G, Van Velsen A F M, Hobma S W, et al. Use of the upflow sludge blanket (USB) reactor concept for biological wastewater treatment especially for anaerobic treatment [J]. Biotechnology and Bioengineering, 1980, 22 (4): 699-734.

4 培养过程中接种部分 AGS 促进 AGS 快速形成

经过二十多年的发展，AGS 技术已实现了小范围的工程化应用[1]。然而，由于 AGS 的不稳定性大大限制了技术的应用与推广。在这种形势下，AGS 的培养就显得更加重要，毕竟反应器的启动是后续处理的基础，亦可减小颗粒解体造成的负面影响。研究[2]表明好氧颗粒化的影响因素众多、形成条件（进水方式、反应器高径比、曝气量、容积负荷等）较苛刻。为此，研究者们尝试了一些促进 AGS 形成的研究，并取得了一些积极的成果[3]。然而，由于试验条件差异及评定颗粒化成功的标准不一，已报道的快速培养能否应用于实际尚需检验。其中，AGS 作为一种"稀缺"资源，已报道的预接种快速培养模式[4~7]是否发挥了接种 AGS 的最大效益值得怀疑。

丝状菌过度生长是造成 AGS 解体[8]的主要原因之一，而生物选择器是为了抑制丝状菌的生长、并促进菌胶团的生长，设置在曝气池的入口处旨在维持较高的底物浓度的一段区域。由 Monod 方程可知：大多数丝状菌的半饱和常数（K_S）和最大比生长速率（μ_{max}）比菌胶团细菌低，在高基质浓度环境下菌胶团利用基质的速率要高于丝状菌，因而在生长竞争中处于优势地位[9]。目前，将 AGS 的培养与生物选择器相结合的研究还鲜有报道。

通过生物膜附着生长及人工刮膜促进 AGS 的形成以及培养过程中接种部分厌氧颗粒污泥加速了好氧颗粒化的进程，实验室内已积累了一定量的 AGS。为实现 AGS 资源的有效利用，本书作者利用生物选择压法及生物选择器原理，探索培养过程中投加部分成熟 AGS 对好氧颗粒化进程的影响，找到 AGS 的投加时间点及投加量的最佳工艺组合，为 AGS 技术的应用提供技术支持。

4.1 装置及运行方式

4.1.1 实验装置

柱状 SBR 的有效水深为 1.6m，内径 D 为 8.40cm（H/D 为 19），有效体积 8.87L，换水体积比为 50%。试验分别在六根完全相同的 SBR 中进行，根据研究目的分为两批：第一批考察培养过程中 AGS 的投加时间点对好氧颗粒化进程的影响，包括 R_{11}、R_{12} 及 R_{13}；在前一批的研究基础上，第二批探索培养过程中

AGS 的接种量对颗粒化进程的影响，包括 R_{21}、R_{22} 及 R_{23}。压缩空气由空压机提供，经微孔曝气器扩散后从底部进入反应器。由于空压机的间歇工作模式，SGV 在 1.2~1.5cm/s 之间。装置位于半封闭室内（西侧为铁栅栏），运行温度为室温。

4.1.2　运行方式

反应器运行周期为 6h，分两段进水，第一段进水为高浓度模拟污水（进水 2min）、液位上升至 100cm（对应换水率 50%），然后厌氧 60min（无搅拌），创造一个类似于生物选择器的高底物浓度区域；第二段进自来水（2min），待液位上升至 160cm 后开始曝气，好氧反应（274~292min）结束后停曝沉淀（20~2min），然后排水（2min）并依次循环。

4.2　接种污泥

两组反应器启动时均接种城市污水处理厂剩余活性污泥，起始 MLSS 约为 3000mg/L。反应器启动时的沉降时间均设为 20min，随后逐渐缩短至 2min，第一批试验待 R_{11}、R_{12} 及 R_{13} 的沉降时间分别降至 15min、10min 及 5min 时投加 30%（该质量比相对于接种当天反应器内的 MLSS）的成熟 AGS。第二批试验的投加时间点依据第一批试验中最短颗粒化时间确定，R_{21}、R_{22} 及 R_{23} 的成熟 AGS 的投加量分别为 10%、20% 及 30%。接种污泥的特性指标见表 4-1。

表 4-1　接种污泥特性

序号	接种污泥	SVI/mL · g^{-1}	SV$_{30}$/SV$_5$	平均粒径/mm	MLVSS/MLSS
1	活性污泥	105.0	0.53	0.12	0.50
2	AGS	40.2	1.00	1.85	0.48

4.3　污水水质

模拟污水配方参考表 2-2 配制。两批试验在接种成熟 AGS 之前进水 COD、氨氮及 TP 分别为 6400mg/L、320mg/L 及 64mg/L，对应的容积负荷为 3.2kg/（m³·d）；接种成熟 AGS 后进水浓度提高至 8000mg/L、400mg/L 及 80mg/L，对应的容积负荷为 4.0kg/（m³·d）。样品采集及分析测试方法如第 2.3 节所述。

4.4　AGS 投加时间点对好氧颗粒化的影响

4.4.1　污泥形态变化

培养过程中 R_{11}、R_{12} 及 R_{13} 污泥形态变化分别如图 4-1 所示。接种的活性污泥呈浅灰色，为絮状，结构较松散。随着沉降时间的缩短，三反应器在投加成熟

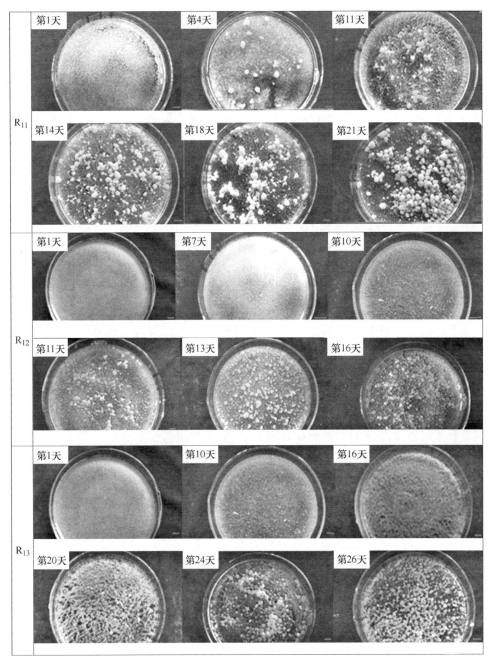

图 4-1　R_{11}、R_{12} 及 R_{13} 的污泥形态变化（标尺为 5mm，彩色图参见文后图 9）

AGS 之前污泥的形态变化趋势相似，即：菌胶团和小颗粒的比例逐渐增多，污泥的结构逐渐趋于致密。投加了成熟 AGS 之后，污泥颗粒化的进程加快：R_{11} 于第

4 天沉降时间降至 15min，投加 30% 成熟的 AGS 后于第 21 天成功实现颗粒化；R_{12} 于第 10 天沉降时间降至 10min，此时反应器中已出现菌胶团和少量的细小颗粒，在第 11 天时向其中接种了约 30% 的成熟 AGS 后于第 16 天完成颗粒化；R_{13} 在第 24 天时沉降时间降至 5min，此时反应器内已有相当比例的菌胶团和 AGS，加入 30% 成熟 AGS 后在第 26 天完成颗粒化。观察发现三个反应器中新培养出的 AGS 颜色为浅黄色，形状不规则，而不规则的形状主要是由于周期性变化的水力剪切力（1.2~1.5cm/s）造成。

4.4.2 污泥理化特性

污泥理化特性变化如下。

（1）SVI 及 SV_{30}/SV_5 变化。R_{11}、R_{12} 及 R_{13} 中污泥的 SVI 和 SV_{30}/SV_5 变化情况分别如图 4-2（a）~（c）所示。三个反应器中污泥的 SVI 整体均呈下降趋势，均由接种时的 100mL/g 左右减小至 60mL/g 以下，表明污泥的沉降性能逐渐变好，这与观察到的菌胶团的出现及污泥结构变得致密相符。但 R_{11} 波动最为显著，而 R_{12} 及 R_{13} 的波动幅度较小。与 SVI 的变化趋势相反，三个反应器的 SV_{30}/SV_5 比值整体均呈上升趋势。其中，R_{11} 的上升幅度最大，最终达到 0.97，而 R_{12} 及 R_{13} 分别为 0.88 及 0.83。试验数据表明 AGS 的投加时间点对新形成的 AGS 沉降性能有明显影响。结合观察到的污泥形态变化可知，R_{11} 中接种的 AGS 有部分颗粒出现了解体现象，产生了一些不规则的片状物，这与实验室预接种部分成熟 AGS 快速培养时观察到的现象一致[6]，而 R_{12} 及 R_{13} 则未观察到明显的颗粒解体现象，推测正是部分 AGS 的解体导致了 R_{11} 中 SVI 的剧烈波动。

（2）MLSS 及 MLVSS 变化。R_{11}、R_{12} 及 R_{13} 的 MLSS 及 MLVSS 的变化情况如图 4-2（d）~（f）所示。在投加 AGS 之前 MLSS 变化平缓甚至会略有下降，但投加之后反应器的 MLSS 均会出现显著上升。R_{11} 的 MLSS 在前 8 天内整体呈上升趋势，并在第 8 天时达到最大值 5848mg/L，此后虽有波动，但基本稳定在 4000~5000mg/L 之间。R_{11} 的 MLSS 持续升高后的降低也与部分大颗粒解体有关，即大颗粒解体会产生许多絮体，在高水力选择压下絮体会被排出反应器导致 MLSS 的降低。R_{12} 及 R_{13} 的 MLSS 整体呈上升趋势，R_{12} 的 MLSS 在第 10 天以后维持在 4000~4500mg/L 之间，而 R_{13} 的 MLSS 在 24 天后迅速上升至 4000mg/L 以上。R_{11}、R_{12} 及 R_{13} 的 MLVSS/MLSS 整体均呈上升趋势，均由接种污泥的 0.5 以下上升至最终的 0.6 左右。结果表明 AGS 的形成可提高反应器内活性微生物的持留量。

（3）颗粒化率及平均粒径。培养过程中 R_{11}、R_{12} 及 R_{13} 污泥的颗粒化率均呈现出逐步上升的趋势，但不同时间点投加成熟 AGS 对加速颗粒化进程的影响差异较大：R_{11} 中活性污泥在第 4 天时的颗粒化率在 30% 左右，接种成熟 AGS 后的

17 天颗粒化率首次超过 90% （21 天的颗粒化率为 90.4%），平均粒径增大至 2.56mm；R_{12} 中污泥的颗粒 11 天时的粒化率为 62.6%，投加成熟 AGS 后的 5 天颗粒化率达到 92.1%，平均粒径为 1.84mm；而 R_{13} 在 24 天接种成熟 AGS 后的 2 天颗粒化率即达到 91.9%，平均粒径为 1.48mm。

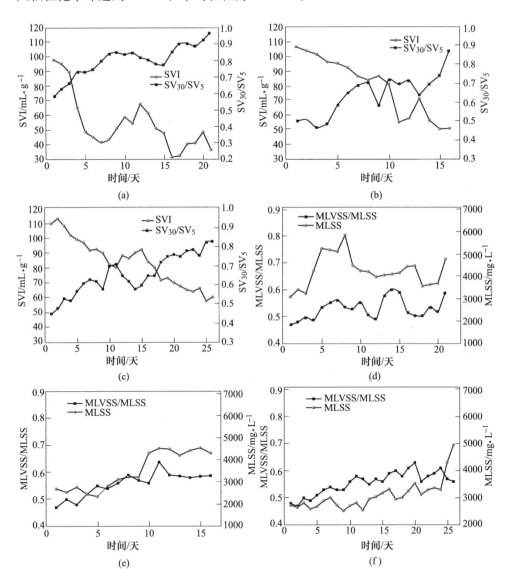

图 4-2 SVI 及 SV_{30}/SV_5 变化（(a)~(c)）和 MLSS 及 MLVSS/MLSS 变化（(d)~(f)）

(a)，(d) R_{11}；(b)，(e) R_{12}；(c)，(f) R_{13}

4.5　AGS 的投加量对颗粒化进程的影响

4.5.1　污泥形态变化

选取第一批中最佳投加时间点（即反应器沉降时间降至 10min 时）投加成熟 AGS，研究培养过程中 AGS 的投加量对好氧颗粒化进程的影响。培养过程中 R_{21}、R_{22} 及 R_{23} 的污泥形态变化分别如图 4-3 所示。R_{21}、R_{22} 及 R_{23} 在第 11 天时沉降时间由 20min 降至 10min，分别接种约 10%、20% 和 30% 的成熟 AGS。随后，反应器内 AGS 的比例逐渐增加，而絮状污泥相应逐渐减少。由于所加成熟 AGS 比例不同，R_{21} 在第 27 天完成颗粒化，R_{22} 及 R_{23} 分别在第 24 天及第 16 天完成颗粒化。新培养出的 AGS 颜色亦为浅黄色，颗粒形状不规则。

4.5.2　污泥理化特性

污泥理化特性变化如下。

（1）SVI 及 SV_{30}/SV_5。SVI 和 SV_{30}/SV_5 变化情况如图 4-4（a）~（c）所示。R_{21}、R_{22} 及 R_{23} 的 SVI 整体均呈下降趋势，三者由接种污泥的 100mL/g 以上分别下降至 30mL/g（图 4-4（a））、40mL/g（图 4-4（b））及 50mL/g（图 4-4（c））左右。三个反应器的 SV_{30}/SV_5 则整体呈上升趋势，由接种污泥的 0.5 左右上升至 0.9 左右。

（2）MLSS 及 MLVSS。MLSS 和 MLVSS/MLSS 变化情况见图 4-4（d）~（f）。R_{21} 的 MLSS 在前 19 天内整体呈上升趋势（图 4-4（d）），并在第 19 天时达到最大值 5361mg/L，随后其略有降低，保持在 4000~5000mg/L 之间。R_{22}（图 4-4（e））及 R_{23}（图 4-4（f））的 MLSS 整体均呈上升趋势，均由最初的 3000mg/L 左右上升至培养后期的 4000~5000mg/L 之间。R_{21} 的 MLVSS 整体呈上升趋势，由最初的不足 0.5 上升至最终的 0.6 以上。R_{22} 的 MLVSS 在前 19 天内整体呈上升趋势，并在第 19 天时达到最大值 0.67，而 R_{23} 的 MLVSS 在前 11 天内整体呈上升趋势，并在第 11 天时达到最大值 0.64；随后二者均略有下降，均回落至 0.6 左右。

（3）粒径分布和颗粒化率。培养过程中 R_{21}、R_{22} 及 R_{23} 的颗粒化率均呈逐步上升的趋势，均由第 11 天时加入成熟 AGS 前的 60% 左右增加至 90% 以上。但由于投加的成熟 AGS 的量不同，三个反应器随后的颗粒化进程也相差较大：R_{21} 在第 27 天时颗粒化率首次超过 90%（实测值为 90.6%），平均粒径增大至 2.28mm；R_{22} 在第 24 天时颗粒化率为 90.7%，平均粒径为 2.32mm；而 R_{23} 在第 16 天时颗粒化率即为 92.1%，平均粒径为 1.84mm。

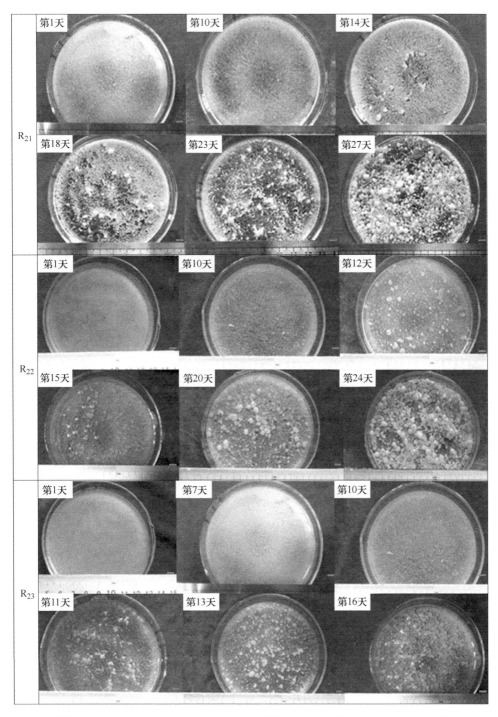

图 4-3 R_{21}、R_{22} 及 R_{23} 的污泥形态变化（标尺为 5mm，彩色图参见文后图 10）

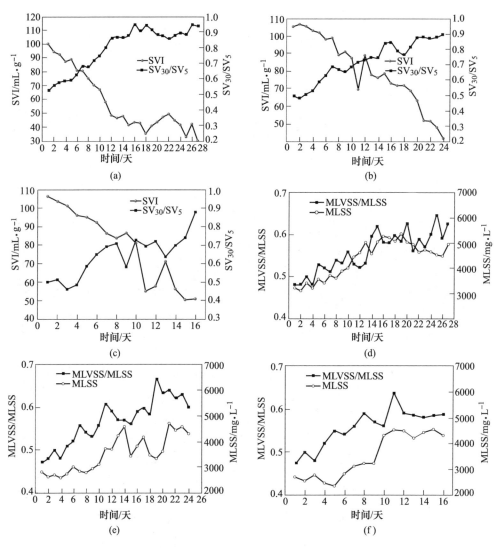

图 4-4 SVI 及 SV_{30}/SV_5 变化((a)~(c))和 MLSS 及 MLVSS/MLSS 变化((d)~(f))

(a),(d) R_{21}；(b),(e) R_{22}；(c),(f) R_{23}

4.6 反应器的去污效果

4.6.1 不同投加时间点下 AGS 的去污效果

R_{11}、R_{12} 及 R_{13} 出水 COD、TIN、氨氮及 TP 变化如图 4-5 所示。培养过程中 R_{11}、R_{12} 及 R_{13} 的出水 COD 均有一定波动，但幅度不大（11~215mg/L 之间），随

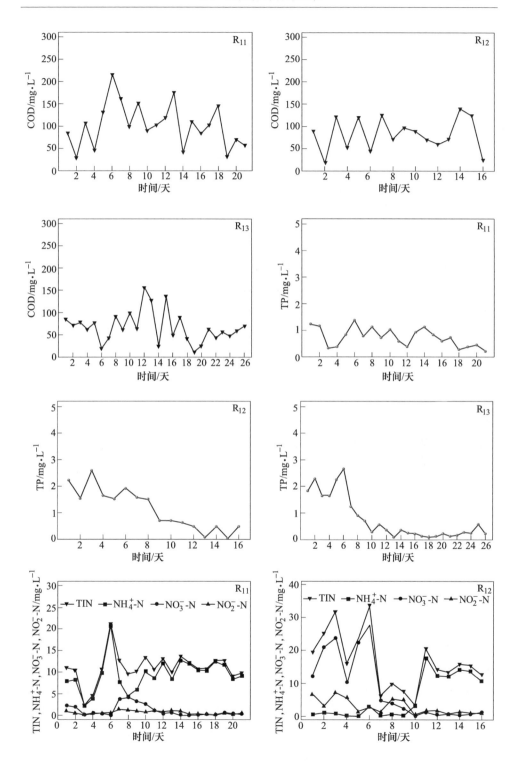

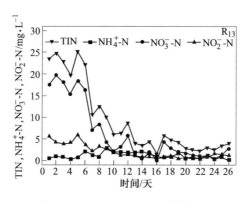

图 4-5　R_{11}、R_{12} 及 R_{13} 的去污效果

着 AGS 的形成，出水 COD 均下降至最终的 100mg/L 以下。R_{11}、R_{12} 及 R_{13} 的出水 TP 整体均呈下降趋势，均由 1mg/L 以上下降至最终的 0.5mg/L 以下。R_{11} 的出水 TIN 及氨氮除少数波动点外整体变化较平缓，TIN 基本在 10mg/L 左右浮动，而氨氮略低于 TIN、且与 TIN 保持了较好的同步性；硝态氮略有积累，但波动较大（0~4.08mg/L），而亚硝态氮一般保持在 1mg/L 以下，未见明显积累。R_{12} 的出水氨氮在前 10 天内保持在 3mg/L 以下，随后突然增大至 10mg/L 以上，成为 TIN 的主要贡献者；硝态氮及亚硝态氮整体均呈下降趋势，前 9 天内二者积累明显，特别是硝态氮（第 6 天时达到最大值 27.83mg/L）贡献了绝大部分的 TIN，此后硝态氮及亚硝态氮均下降至 2mg/L 以下。R_{13} 始终保持着良好的硝化性能，出水氨氮保持在 3mg/L 以下；TIN、氨氮及亚硝态氮整体均呈下降趋势，表明反应器的同步硝化反硝化能力在增强。

4.6.2　不同投加量下 AGS 的去污效果

R_{21}、R_{22} 及 R_{23} 的出水 COD、TIN、氨氮及 TP 变化如图 4-6 所示。三个反应器的出水 COD 在 20~200mg/L 之间浮动，但最终均下降至 100mg/L 以下。R_{21} 的出水 TP 在前 11 天内整体呈下降趋势，并在第 11 天时达到最小值 0.18mg/L，随后其整体呈上升趋势，并在第 25 天时达到最大值 1.68mg/L。R_{22} 及 R_{23} 的出水 TP 整体呈下降趋势，均由起始的 2mg/L 以上下降至最终的 0.5mg/L 以下。R_{21} 的出水 TIN 及氨氮保持着较好的同步性，前 10 天内二者整体呈下降趋势，随后的 3 天二者急剧升高，并在第 13 天时达到最大值 27.35mg/L 及 24.84mg/L，此后，二者整体呈下降趋势，最终回落到培养开始时水平；硝态氮及亚硝态氮在培养开始时略有积累，但随后整体均呈下降趋势，21 天后维持在 0.7mg/L 以下。R_{22} 的出水 TIN 在前 10 天内整体呈下降趋势，并在第 10 天时达到最小值 6.62mg/L，随后突然上升并保持在 9mg/L 以上；氨氮在前 10 天内保持在 3mg/L 以下，随后突然上升并维持在 8mg/L 以上、成为出水 TIN 的主要贡献者；硝态氮及亚硝态氮整体呈下降趋势，二者在前 10 天内积累明显（硝态氮在第 2 天时达到最大值 21.22mg/L，亚硝态氮在第 3 天时达到最大值 6.17mg/L）并贡献了绝大部分的 TIN，随后二者的积累量逐渐减小，最终下降至 0.6mg/L 以下。R_{23} 的各态氮变化与 R_{22} 类似，即前 10 天内硝态氮及亚硝态氮明显积累并贡献了大部分出水 TIN，此后二者逐渐下降，而氨氮则刚好相反，前 10 天内保持在 3mg/L 以下，随后突然上升至 10mg/L 以上并成为 TIN 的主要贡献者。

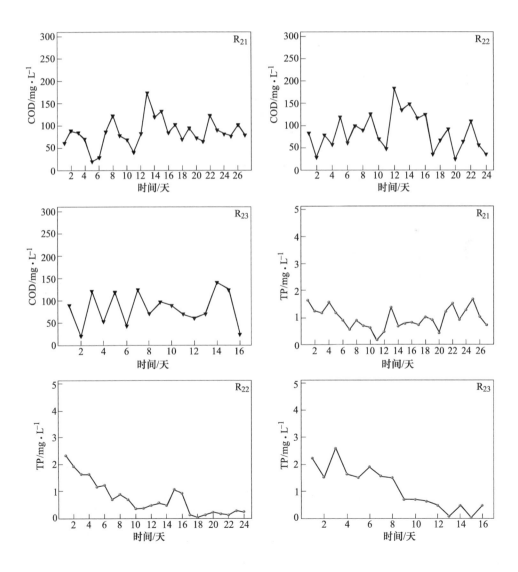

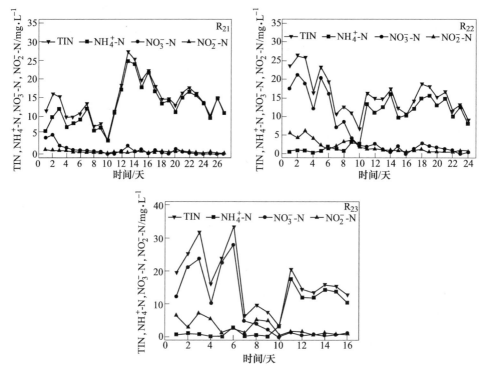

图 4-6 R_{21}、R_{22} 及 R_{23} 的去污效果

由于培养过程中污泥并非处于稳定状态，所以反应器对污染物的去除效果会出现波动。出水 COD 虽波动明显，但幅度不大，最终均下降至 100mg/L 以下，表明反应器对 COD 可达到较好的处理效果。由于培养过程中较大的排泥量，反应器对 TP 亦可取得较好的处理效果。相比于 COD 及 TP，反应器的脱氮能力受到的冲击最大。试验数据表明接种活性污泥具有良好的硝化能力，但随着培养的进行，除泥龄较长的 R_{13}（R_{13} 约 9 天，R_{11} 约 7 天，R_{12} 约 8 天）受到影响较小外，其他反应器的硝化能力在中后期均出现急剧恶化并导致出水氨氮突然升高现象，这主要是因为硝化细菌是慢速生长的长泥龄细菌，在大排泥量下容易导致其菌群流失。

4.7 AGS 快速颗粒化的机理探讨

通过控制成熟 AGS 的投加时间点及投加量，得到各种工况下 AGS 形成所需时间见表 4-2。试验结果表明培养过程中投加 10%～30% 的成熟 AGS 可将培养时间控制在 27 天以内，最佳培养条件为 16 天即获成功的沉降时间降至 10min 时投加 30% 成熟 AGS，明显低于已报道的预接种 AGS 或完全接种活性污泥进行 AGS 培养所需时间[3]。

表 4-2　各反应器好氧颗粒污泥培养时间对比

批次	反应器	成熟 AGS 投加量/%	投加时间/天	投加 AGS 时反应器沉降时间/min	好氧颗粒化时间/天
控制投加时间	R_{11}	30	4	15	21
	R_{12}	30	11	10	16
	R_{13}	30	24	5	26
控制投加量	R_{21}	10	11	10	27
	R_{22}	20	11	10	24
	R_{23}	30	11	10	16

　　本试验中 AGS 快速形成的机理主要包括选择压假说[10]及晶核假说[11]。培养过程中通过控制沉淀时间（20～2min）、水力剪切力[12]（1.2～1.5cm/s）等为 AGS 的形成提供了有效的水力选择压。通过厌氧生物选择器的设置为微生物的相互凝聚创造较强的生物选择压，试验测得典型周期厌氧生物选择器内 COD 在 1559.40～1997.35mg/L 之间，这段高底物浓度环境不仅可快速筛选出菌胶团，亦可有效抑制丝状菌的过度生长[13]。

　　试验中 AGS 的投加时间点是快速培养的关键控制因素，它将好氧颗粒化的进程分割成了两部分：一是活性污泥的正常颗粒化阶段（污泥龄 7～9 天），这段时间较长（R_{13}前 24 天培养过程即为此过程）且排泥量不宜过大，否则极易导致系统崩溃；二是接种 AGS 后的加速颗粒化阶段（污泥龄 5～6 天），由于 AGS 具有良好的沉降性能并可承受较高的污泥负荷，故这段时间可采用较大的排泥量以促进 AGS 的形成。而预接种部分 AGS 的培养模式由于反应器启动时絮状污泥的沉降速度较慢，培养前期往往采用较长的沉降时间，在这种低水力选择压向高水力选择压转变的过程中经常会观察到接种 AGS 出现先解体再重新颗粒化的现象[5]（本研究中 R_{11} 即出现过这一现象），由于遭到破坏的颗粒结构重新恢复需要一定的时间、无形中延长了好氧颗粒化的进程。本研究的最佳投加时间点（反应器沉降时间为 10min 时）有效克服预接种培养模式的不足，培养过程中并未观察到接种的 AGS 出现明显的解体现象，表明较短的沉淀时间（10～2min）有助于投加的 AGS 的稳定性维持[14]，使得它们避免了经历先解体后重新凝聚的过程，从而极大地缩短了 AGS 形成所需的时间。

参 考 文 献

[1] Mario Sepúlveda-Mardones, José Luis Campos, Albert Magrí, et al. Moving forward in the use

of aerobic granular sludge for municipal wastewater treatment: an overview [J]. Reviews in Environmental Science and Biotechnology, 2019, 18 (4): 741-769.

[2] Winkler M K H, Meunier C, Henriet O, et al. An integrative review of granular sludge for the biological removal of nutrients and recalcitrant organic matter from wastewater [J]. Chemical Engineering Journal, 2018, 336: 489-502.

[3] 龙焙, 程媛媛, 朱易春, 等. 好氧颗粒污泥的快速培养研究进展 [J]. 中国给水排水, 2018, 34 (2): 31-36.

[4] 廖青, 李小明, 杨麒, 等. 好氧颗粒污泥的快速培养以及胞外多聚物对颗粒化的影响研究 [J]. 工业用水与废水, 2008, 39 (4): 13-19.

[5] Pijuan M, Werner U, Yuan Z. Reducing the startup time of aerobic granular sludge reactors through seeding floccular sludge with crushed aerobic granules [J]. Water Research, 2011, 45 (16): 5075-5083.

[6] 熊光城, 濮文虹, 杨昌柱. 预加不同比例不同粒径好氧颗粒对 SBR 中好氧颗粒污泥形成的影响 [J]. 环境科学, 2013, 34 (4): 1472-1478.

[7] Verawaty M, Pijuan M, Yuan Z, et al. Determining the mechanisms for aerobic granulation from mixed seed of floccular and crushed granules in activated sludge wastewater treatment [J]. Water Research, 2012, 46 (3): 761-771.

[8] Liu Y, Liu Q S. Causes and control of filamentous growth in aerobic granular sludge sequencing batch reactors [J]. Biotechnology Advances, 2006, 24 (1): 115-127.

[9] Morales N, Figueroa M, Mosquera-Corral A, et al. Aerobic granular-type biomass development in a continuous stirred tank reactor [J]. Separation and Purification Technology, 2012, 89 (22): 199-205.

[10] Liu Y, Wang Z W, Qin L, et al. Selection pressure-driven aerobic granulation in a sequencing batch reactor [J]. Applied Microbiology and Biotechnology, 2005, 67 (1): 26-32.

[11] Lettinga G, Van Velsen A F M, Hobma S W, et al. Use of the upflow sludge blanket (USB) reactor concept for biological wastewater treatment especially for anaerobic treatment [J]. Biotechnology and Bioengineering, 1980, 22 (4): 699-734.

[12] Liu Y, Tay J H. The essential role of hydrodynamic shear force in the formation of biofilm and granular sludge [J]. Water Research, 2002, 36 (7): 1653-1665.

[13] 龙焙, 濮文虹, 杨昌柱, 等. 不同生物选择段的 SBR 中好氧颗粒污泥的特性及去污效果 [J]. 中国给水排水, 2015, 31 (5): 16-21.

[14] Qin L, Tay J H, Liu Y. Selection pressure is a driving force of aerobic granulation in sequencing batch reactors [J]. Process Biochemistry, 2004, 39 (5): 579-584.

5 中试 SBR 中 AGS 的快速培养

针对 AGS 形成条件苛刻这一难题，研究者们提出了一些快速培养方法[1]，但这些策略几乎都源于运行条件控制严格的小试 SBR[2]。因此，这些快速培养策略在应用时能否达到经济与效益的统一仍需检验。在小试 SBR 中，通过在培养过程中接种部分 AGS 已被证实可加速好氧颗粒化进程。因此，为检验该快速培养策略能否应用于实际，本研究充分利用前期快速培养所积累的 AGS，探索培养过程中在中试 SBR 中接种部分 AGS 对好氧颗粒化进程的影响，为 AGS 技术的工程化应用提供技术支持。

5.1 装置及运行方式

5.1.1 实验装置

中试反应器（图 5-1）总高度 2m（材质为有机玻璃），有效高度 1.75m、内径 27.70cm（H/D 为 6.3），有效容积 105.46L，反应器的换水率为 60%。模拟污水由高位水箱在重力作用下流入，压缩空气由空压机提供，经微孔曝气器分散后

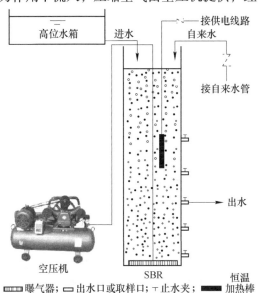

图 5-1　试验装置

从底部进入反应器。反应器位于半封闭空间内（西北两面紧靠栅栏），由于试验期间昼夜温差较大（12月、1月），通过恒温加热棒将水温控制在10~20℃之间。

5.1.2　运行方式

反应器采用6h/周期（表5-1），一天4个周期，进水包括两个步骤：第一段进高浓度模拟污水，进料体积10.54L，液位高度由70cm上升至87.5cm，然后厌氧60min（无搅拌），创造一个类似于厌氧生物选择器的高底物浓度区域；第二段进自来水（进水量52.73L），液位上升至有效高度（175cm），随后开始曝气，反应结束后停止曝气、沉淀，然后排水，运行过程中根据污泥的沉降性能逐渐减少沉淀时间至4min。

表 5-1　反应器周期时间组成

时间/天	一段进水 /min	缺氧反应 /min	二段进水 /min	好氧反应 /min	沉淀 /min	排水 /min
1	2	60	3	268	25	4
2~3	2	60	3	273	20	4
4~5	2	60	3	275	18	4
6~8	2	60	3	278	15	4
9~10	2	60	3	281	12	4
11~12	2	60	3	283	10	4
13~14	2	60	3	286	7	4
15~18	2	60	2	288	5	4
19~24	2	60	2	289	4	4

5.2　分析测试方法

水样采集及主要分析指标见第2.3节所述。使用扫描电镜（SEM，FEI，MLA650F，USA）对 AGS 的微观形貌进行分析，具体制样步骤如下。

（1）将 ANGS 用清水洗三次，将洗过的 ANGS 放入2.5%戊二醛固定12h。

（2）之后用磷酸缓冲液清洗固定好的 ANGS 三遍，每次10min，再依次放入50%、70%、80%、90%、95%和100%的乙醇溶液中进行脱水10min。

（3）用叔丁醇干燥法清洗三次，每次10min。

（4）然后将 ANGS 冷冻后抽真空使叔丁醇升华。

（5）用导电胶体将 ANGS 样品固定在样品台上，用离子溅射仪溅射，镀上一层金属膜，制备好的样品置于扫描电子显微镜下进行观察。

5.3　接种污泥及污水水质

5.3.1　接种污泥

反应器启动时接种实验室前期培养的絮状活性污泥，起始 MLSS 为 3000mg/L。根据本课题组在 AGS 培养中所积累的经验，通常在反应器沉降时间降至 10min 左右时（反应器有效高度 1.8m）会观察到明显的颗粒化现象，而更长的沉降时间下反应器内占绝对优势的是松散的絮状污泥。因此，待活性污泥沉降时间降至 10min 时（对应沉降速度为 6.3m/h），接种部分（按质量比计）课题组前期培养成熟的 AGS，使总的污泥量达到 4000mg/L 左右。接种污泥的特性参数见表 5-2。

表 5-2　种泥的特性参数

接种污泥	接种比例/%	含水率/%	SVI/mL·g^{-1}	SV$_{30}$/SV$_5$	平均粒径/mm	EPS/mg·g^{-1}	PN/PS	MLVSS/MLSS
活性污泥	75	99.43	99.7	0.60	0.13	62.59	0.34	0.56
AGS	25	98.39	54.9	0.94	1.61	235.73	1.56	0.69

5.3.2　污水水质

高浓度模拟污水配方参见表 2-2，其 COD、氨氮及 TP 浓度为 8g/L、0.45g/L 及 0.09g/L，每周期模拟污水的进料量为 10.54L，微量元素添加量为 1.0mL/L 模拟污水。根据污泥的生长情况对模拟污水的 C、N、P 配比进行调整，其他成分则保持不变，主要运行参数见表 5-3。分析测试方法如第 2.3 节所述。

表 5-3　反应器运行参数

时间/天	OLR/kg·(m^3·d)$^{-1}$	NLR/kg·(m^3·d)$^{-1}$	SGV/cm·s^{-1}
1~11	3.2	0.18	1.2~1.5
12~24	3.6	0.2	1.2~1.5

5.4　快速培养过程中污泥形态变化

接种的活性污泥呈淡黄色、颜色偏白，结构较松散（图 5-2）。从第 2 天开始反应器内即可观察到一些非常小的菌胶团，随后菌胶团的比例逐渐增多。第 4 天时反应器内观察到肉眼可见的小颗粒，第 6 天以后几乎全部以细小颗粒和菌胶团形式存在。第 11 天时反应器内颗粒污泥的比例明显增加，主要是因为接种了约 25% 的成熟 AGS。随着反应器的沉降时间由 10min 缩短至 4min，此后污泥加速颗粒化。第 17 天时反应器中 AGS 已占绝对优势，但此时所形成的颗粒污泥形状

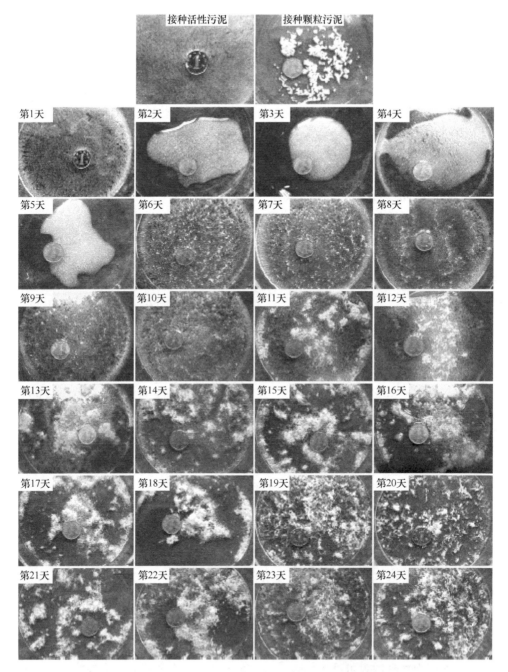

图 5-2 培养过程中污泥宏观形态变化（标尺为 5mm，彩色图参见文后图 11）

不规则、颜色为浅黄色。第 18 天时颗粒化率首次超过 90%（颗粒化率为 93.53%），表明反应器已成功实现好氧颗粒化。但随后反应器内陆续出现不规则、长条状的菌胶团，这主要是这段时间空压机曝气不稳定、导致反应器内水力剪切力变化较大造成。第 19 天时该长条状的菌胶团显著增加，并逐渐转变成不规则的长丝状颗粒污泥。最终，反应器内形成了长丝状 AGS 与球状 AGS 共存的局面。试验期间反应器器壁干净、光滑，未出现生物膜生长、附着现象，表明此段时期内厌氧生物选择器有效地抑制丝状菌生长。

利用 SEM 对培养成功的 AGS 的微观形貌进行分析（图 5-3）。观察发现 AGS 表面凹凸不平、并有大量孔道，这种结构有利于营养物质的输送及代谢废物的排出。同时，颗粒内栖息着大量微生物，这些微生物以短杆菌为主，少量位于颗粒表层的杆菌之间黏附比较松散，但内部的杆菌则紧密结合在一起，它们的周围镶嵌着大量生物惰性物质（如无机盐、EPS 等）。此外，还可观察到少量原生动物—累枝钟形虫。作为污水处理中一种常见的指示性原生动物，钟虫的出现表明污水处理系统的出水水质良好，由此可以推测出快速培养出的 AGS 处于较好的状态。

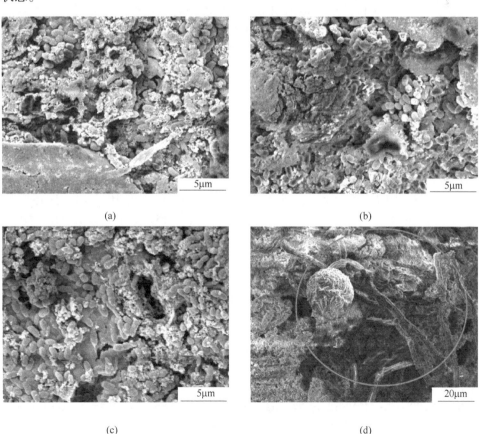

(a)　　　　　　　　　　　　　　　(b)

(c)　　　　　　　　　　　　　　　(d)

图 5-3　AGS 的微观形貌（第 24 天）

5.5　快速培养过程中污泥的理化特性变化

5.5.1　污泥沉降性能

培养过程中污泥的 SVI 虽有所波动，但整体呈下降趋势（图 5-4（a）），这表明随着选择压的增大污泥的沉降性能在逐渐变好。第 18 天时 SVI 降至最小值 67.6mL/g，随后的 2 天内 SVI 小幅升高，这主要是沉降性能较差的长条状菌胶团出现造成，随着这些菌胶团逐渐转变为长丝状 AGS，SVI 最终稳定在 80.0mL/g 左右。SV_{30}/SV_5 比值整体呈上升趋势，第 16 天时达到最大的 0.95，随后基本稳定在 0.90 以上。研究[3]表明：成熟 AGS 的 SV_{30} 与 SV_5 的偏差小于 10%。这表明 16 天以后 AGS 已趋于成熟。

观察发现，1~10 天内反应器内污泥以自由沉淀为主，沉淀过程中泥水之间没有明显的分界线，但从第 11 天开始反应器内沉淀过程的中、后期逐渐出现成层沉淀现象，15 天以后变得极为明显，以致沉降时间难以继续降低。通过测定不同粒径的 AGS 的沉降速度，由此可计算出 AGS 的平均沉降速度为 43.82m/h。然而，当反应器的沉降时间为 4min 时，可计算出反应器所控制的沉降速度为 15.75~26.25m/h 之间，明显低于 AGS 的沉降速度，这也从侧面印证了反应器内的确发生了成层沉淀现象。造成这种现象的原因包括：（1）不同粒径的颗粒污泥沉速相差较大，沉降慢的颗粒会削弱污泥的整体沉降速度；（2）反应器较大的截面积及快速培养后期污泥量的增加亦为成层沉淀提供了可能。

5.5.2　污泥浓度

培养过程中 MLSS 整体呈上升趋势（图 5-4（b）），前 10 天内反应器中的 MLSS 维持在 2600~3000mg/L 之间。由于第 11 天时接种了部分 AGS，此后 MLSS 迅速上升，19 天以后基本维持在 5000mg/L 左右。培养初期（1~4 天内）的 MLVSS/MLSS 始终低于 0.50，这表明此时污泥的活性较低、无机成分较高，随着 AGS 的形成、4~8 天内 MLVSS/MLSS 迅速升高，随后略有下降，16 天以后基本维持在 0.70 以上，相比于接种絮状污泥，培养出的 AGS 的活性成分增加了 30% 以上，这也印证了 AGS 内可以栖息大量微生物。

5.5.3　胞外聚合物（EPS）及 PN/PS

EPS 含量在前 12 天内整体呈上升趋势（图 5-4（c）），并在第 12 天时达到最大值 363.32mg/g MLVSS，随后，除小幅波动外，EPS 基本维持在 260.00mg/g MLVSS 左右。相比于接种活性污泥，培养成熟的 AGS 的 EPS 含量增加了约 1 倍，这与大量研究得出的 EPS 有利于细胞之间的自凝聚及 AGS 的稳定性维持[4-6]是一致的。PN/PS 的比值始终处于波动状态。前 10 天内 PN/PS 基本保持在 2.0 以下，11 天以后其值维持在 2.09 以上，并在第 13 天时达到最大的 2.94，这表明成熟的 AGS 的 EPS 中 PN 的含量较活性污泥有了较大幅度的升高，PN 对于 AGS 的快速形成起到了更重要作用。

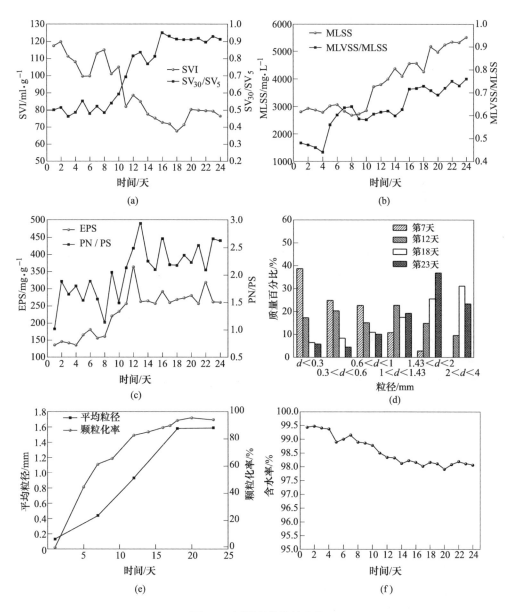

图 5-4　污泥理化特性变化

（a）SVI 及 SV_{30}/SV_5 变化；（b）MLSS 及 MLVSS 变化；（c）EPS 及 PN/PS 变化；

（d）粒径分布变化；（e）平均粒径及颗粒化率变化；（f）污泥含水率变化

5.5.4　粒径分布及平均粒径

　　污泥粒径分布的整体趋势是絮状污泥的比例显著减小，而颗粒的比例则逐渐增大（图 5-4（d））。然而，不同粒径的颗粒的变化则互有差异：0.3~1.0mm 之间的颗粒的比例逐渐减小，表明这部分颗粒逐渐长成较大的颗粒；1.0~1.43mm 之间的颗粒则处于波动状态；1.43~2.0mm 之间的颗粒则逐渐增加，而 2.0~4.0mm 之间的颗粒则先增加后减小。在未接种成熟 AGS 之前，颗粒污泥的比例按粒径从小到大呈递减分布（7 天），但随着 11 天时成熟 AGS 的加入，1.0mm 以上颗粒的比例增加最明显，这主要是受接种 AGS 的粒径分布影响造成。随后，1.43~2.0mm 范围内颗粒上升显著（2.83%~36.86%），最终成为优势区间，这表明较大的颗粒污泥在本试验中可较好的维持稳定性。

　　培养过程中污泥的颗粒化率及平均粒径整体呈上升趋势（图 5-4（e））。前 18 天内污泥平均粒径增长迅速，由第 1 天的 0.13mm 增大至第 18 天时的 1.58mm，但随后它的变化趋于平缓。前 12 天内颗粒化率增长迅速（0~82.66%），一方面是接种了 25% 的成熟颗粒污泥，另一方面是这段时间内较大的排泥量及厌氧生物选择器的共同作用，在短时间内亦快速筛选出了一些小颗粒及菌胶团造成的。随后虽然颗粒化率增长幅度变小，但第 17 天以后颗粒化率始终保持在 90% 以上。试验结果表明接种 AGS 对于好氧颗粒化起到了促进作用，使得接种 AGS 后的 8 天内即成功实现了好氧颗粒化。由粒径分布及平均粒径的变化可知，培养过程中絮状污泥和 0.3~1.0mm 范围内小颗粒的比例不断减小，而 1.0mm 以上较大颗粒的比例由 13.65% 增大至 79.55%，结合以上数据及污泥形态变化可发现培养过程中接种 AGS 并未出现明显的解体现象。

5.5.5　污泥含水率

　　随着 AGS 的逐渐形成，污泥的含水率整体呈下降趋势（图 5-4（f））。接种活性污泥的含水率在 99% 以上，但第 7 天后污泥的含水率始终保持在 99% 以下。14 天以后污泥含水率虽略有波动，但变化较小，第 20 天时达到最小的 97.91%。这表明随着选择压的增大，污泥中固体成分的含量在逐渐增加，这主要是细胞分泌了大量疏水性的 EPS 及 AGS 内无机盐沉积所致[5,7,8]。

5.6　反应器对污染物的去除效果

5.6.1　COD 及 TP 去除效果

　　反应器对 COD 具有良好的去除效果：除第 1 天外，反应器对 COD 的去除率保持在 92% 以上，出水 COD 始终保持在 62mg/L 以下（图 5-5（a））。结果表明几乎所有有机物都被降解掉了，这主要是因为乙酸钠作为一种结构简单的小分子物质，极易被污泥吸附并被分解。

出水 TP 整体呈下降趋势，而它的去除率则整体呈上升趋势（图 5-5（b））。前 4 天反应器对 TP 去除效果并不理想，出水 TP 在 1mg/L 以上、去除率在 90% 以下。这可能是接种污泥正在适应新环境所致。随后，出水 TP 变化较平缓，第 10 天开始基本保持在 0.50mg/L 以下，对应的去除率保持在 90% 以上。

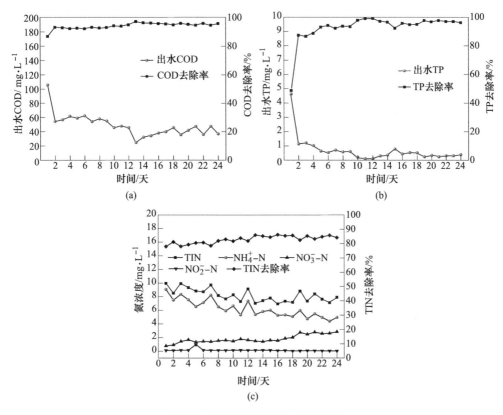

图 5-5 反应器对污染物去除效果

（a）出水 COD 及其去除率；（b）出水 TP 及其去除率；（c）出水各态氮及 TIN 去除率

5.6.2 脱氮效果

出水 TIN 整体呈缓慢下降趋势，但其去除率变化较平缓、维持在 77.86% ~ 86.14% 之间（图 5-5（c））。出水氨氮亦整体呈下降趋势，但其去除率整体呈上升趋势（79.84% ~ 91.18%）。随着 AGS 的形成，出水硝态氮整体呈上升趋势，虽并未出现明显的积累（0.77 ~ 2.87mg/L），但对出水 TIN 的贡献量逐渐增加，导致了 17 天开始 TIN 去除率的略微下降。相比之下，亚硝态氮始终维持在较低水平，一般不超过 0.17mg/L、且始终低于硝态氮浓度。综合各态氮的浓度变化情况可推断出反应器的硝化反硝化能力在逐渐增强，这主要是得益于 AGS 独特的空间分层结构，为硝化细菌及反硝化细菌营造了适宜的生长环境[9]。

5.6.3　典型周期内污染物降解规律

由试验数据可知，厌氧生物选择器内 COD、TIN、氨氮及 TP 均可保持较高浓度（图 5-6），期间它们的浓度变化较平缓，但厌氧期结束、反应器水位上升至有效水位（1.75m）后，COD、TIN、氨氮及 TP 迅速下降，这主要是稀释及生物吸附造成。好氧期内 COD 的下降最为迅速，120min 以后 COD 即趋于平稳并维持在 100.0mg/L 以下，反应器由此进入贫营养期，而研究表明一定的好氧饥饿期有利于 AGS 的稳定性维持[10,11]。好氧期内 TIN 及氨氮整体呈下降趋势，但随着可利用的碳源消耗殆尽，它们的下降趋势逐渐趋于平缓，亚硝态氮始终保持在较低的水平（1.0mg/L 以下），期间呈小幅上升后又下降的趋势，相比之下，硝态氮则呈先下降后上升的趋势，且始终高于亚硝态氮浓度，分析原因包括：（1）上一周期反应器积累的硝态氮在厌氧期内发生了反硝化，部分硝态氮转化为 N_2 被消耗；（2）氨氮转化为亚硝态氮是氨氧化过程的限制步骤，而亚硝态氮

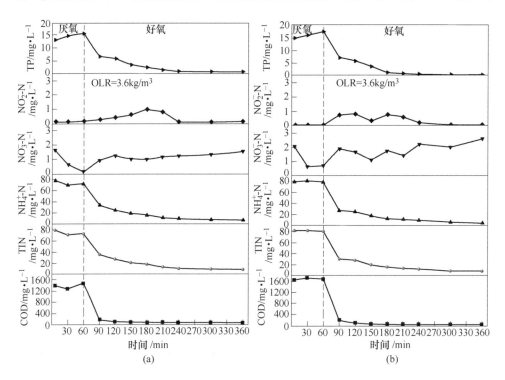

图 5-6　典型周期内污染物降解规律

(a) 8 天；(b) 22 天

向硝态氮转化则相对容易，从而造成了硝态氮的积累；（3）反应器进入贫营养期后由于可利用的碳源匮乏限制了硝态氮转化为 N_2，也造成了硝态氮的积累。综合典型周期内各态氮的变化情况，可以推测出厌氧期内 TIN 的去除主要归因于全程硝化反硝化，而好氧期内则以同步硝化反硝化作用为主。TP 在厌氧期内呈上升趋势、好氧期内则迅速下降，随着 AGS 的形成，出水 TP 可保持在 0.50mg/L 以下，表明发生了聚磷菌厌氧释磷、好氧吸磷过程，该结果与生物除磷机理及 AGS 的特性相吻合[12]。

5.7 AGS 快速颗粒化的机理探讨

本试验中 AGS 快速形成的机理主要是选择压假说[13]及晶核假说[14,15]。选择压分为生物选择压和水力选择压：生物选择压通过改变基质中不同成分的负荷（如 OLR、NLR、C∶N 比等），来使能适应此负荷的微生物生存下来，而不能适应的微生物逐步淘汰；水力选择压通过反应器结构和水力条件等，将不适应的污泥淘汰出反应器。培养过程中通过控制沉淀时间、水力剪切力等创造了强大的水力选择压，通过基质配比及生物选择器来创造较强的生物选择压，最终在两类选择压下于 18 天内即成功培养出了 AGS。主要表现在：（1）通过逐步缩短反应器的沉淀时间，沉降性能差的絮体污泥被迅速排出，而沉降性能好的菌胶团及 AGS逐渐得到富集；（2）反应器采用较大的水力剪切力（1.2~2.0cm/s）及高径比（H/D 为 6.3），研究表明它们能刺激细胞 EPS 的分泌及疏水性的增加，促进细胞之间的自凝聚[16]；（3）中试 SBR 在时间上呈理想推流、空间上呈完全混合流态，这种推流环境已被证明可为生化反应提供较大的传质推动力，相比于全程曝气，本试验中的 A/O 运行模式及厌氧生物选择器进一步提高了传质推动力（如厌氧期内 COD 在 1269.03~1703.74mg/L 之间），可使菌胶团细菌率先得到基质而不给丝状菌过度生长的机会[17]，不仅可有效抑制丝状菌过度生长，亦有利于AGS 的形成及节约了能耗（约 25%的能耗）。

预接种部分 AGS 是研究者们经常采用的一种培养模式。由于絮状污泥的沉降速度较慢，这种培养模式的前期往往采用较长的沉降时间，在这种较低水力选择压环境下经常会观察到接种颗粒污泥出现先解体再重新颗粒化的现象[18]，由于遭到破坏的颗粒结构重新恢复需要一定的时间、无形中延长了好氧颗粒化的进程。为避免接种 AGS 出现先解体现象，本研究采取培养过程中接种部分成熟AGS 的模式。根据所取得的试验结果，培养过程中并未观察到接种的 AGS 出现明显的解体现象，这主要是较短的沉淀时间（10~4min）有助于投加的 AGS 的稳定性维持[19]，使得它们避免了经历先解体后重新凝聚的过程，而是利用其表面多孔结构及分泌的大量黏性 EPS 直接作为新生颗粒的晶核及载体，从而极大地缩短了 AGS 形成所需的时间。本试验中 AGS 的投加时间点（10min）是快速培养的关键控制因素，它将好氧颗粒化的进程分割成了两部分：一是活性污泥的正常颗粒化过程（污泥龄约 8 天），这段时间较长且排泥量不宜过大，否则极易导致系统崩溃；二是接种 AGS 后的加速颗粒化过程（污泥龄约 5 天），由于 AGS 具有良好的沉降性能并可承受较高的污泥负荷（*F/M*），故这段时间可采用较大的排泥量以促进 AGS 的形成。

参 考 文 献

[1] 龙焙，程媛媛，朱易春，等 . 好氧颗粒污泥的快速培养研究进展 [J]. 中国给水排水，2018，34（2）：31-36.

[2] Mario Sepúlveda-Mardones, José Luis Campos, Albert Magrí, et al. Moving forward in the use of aerobic granular sludge for municipal wastewater treatment: an overview [J]. Reviews in Environmental Science and Biotechnology, 2019, 18（4）：741-769.

[3] Liu Y Q, Tay J H. Characteristics and stability of aerobic granules cultivated with different starvation time [J]. Applied Microbiology and Biotechnology, 2007, 75（1）：205-210.

[4] 闫立龙，刘玉，任源 . 胞外聚合物对好氧颗粒污泥影响的研究进展 [J]. 化工进展，2013，32（11）：2744-2756.

[5] Liu Y Q, Liu Y, Tay J H. The effect of extracellular polymeric substances on the formation and stability of biogranules [J]. Applied Microbiology and Biotechnology, 2004, 65（2）：143-148.

[6] McSwain B S, Irine R L, Hausner M, et al. Composition and distribution of extracellular polymeric substances in aerobic flocs and granular sludge [J]. Applied and Environmental Microbiology, 2005, 71（2）：1051-1057.

[7] Wang Z W, Liu Y, Liu Y. Mechanism of calcium accumulation in acetate-fed aerobic granule [J]. Applied Microbiology and Biotechnology, 2007, 74（2）：467-473.

[8] Othman I, Anuar A N, Ujang Z, et al. Livestock wastewater treatment using aerobic granular sludge [J]. Bioresource Technology, 2013, 133（2）：630-634.

[9] Xia J, Ye L, Ren H, et al. Microbial community structure and function in aerobic granular sludge [J]. Applied Microbiology and Biotechnology, 2018, 102（9）：3967-3979.

[10] Liu Y, Wu W, Tay J, et al. Starvation is not a prerequisite for the formation of aerobic granules [J]. Applied Microbiology and Biotechnology, 2007, 76（1）：211-216（6）.

[11] Liu Y Q, Tay J H. Influence of starvation time on formation and stability of aerobic granules in sequencing batch reactors [J]. Bioresource Technology, 2008, 99（5）：980-985.

[12] Bassin J P, Kleerebezem R, Dezotti M, et al. Measuring biomass specific ammonium, nitrite and phosphate uptake rates in aerobic granular sludge [J]. Chemosphere, 2012, 89（10）：1161-1168.

[13] Liu Y, Wang Z W, Qin L, et al. Selection pressure-driven aerobic granulation in a sequencing batch reactor [J]. Applied Microbiology and Biotechnology, 2005, 67（1）：26-32.

［14］ Lettinga G, Van Velsen A F M, Hobma S W, et al. Use of the upflow sludge blanket (USB) reactor concept for biological wastewater treatment especially for anaerobic treatment ［J］. Biotechnology and Bioengineering, 1980, 22 (4): 699-734.

［15］ Heijnen J J, Van Loosdrecht M C M, Mulder R, et al. Development and scale-up of an aerobic biofilm airlift suspension reactor ［J］. Water Science and Technology, 1993, 27 (5): 253-261.

［16］ Liu Y, Tay J H. The essential role of hydrodynamic shear force in the formation of biofilm and granular sludge ［J］. Water Research, 2002, 36 (7): 1653-1665.

［17］ 龙焙, 濮文虹, 杨昌柱, 等. 不同生物选择段的 SBR 中好氧颗粒污泥的特性及去污效果 ［J］. 中国给水排水, 2015, 31 (5): 16-21.

［18］ 熊光城, 濮文虹, 杨昌柱. 预加不同比例不同粒径好氧颗粒对 SBR 中好氧颗粒污泥形成 的影响 ［J］. 环境科学, 2013, 34 (4): 1472-1478.

［19］ Qin L, Tay J H, Liu Y. Selection pressure is a driving force of aerobic granulation in sequencing batch reactors ［J］. Process Biochemistry, 2004, 39 (5): 579-584.

6 SBR 中 AGS 处理污泥深度脱水液效果及稳定性

市政污泥深度脱水滤液（MSDDF，municipal sludge deep dewatering filtrate）是污水厂污泥在深度脱水（脱水后污泥含水率要求 60% 以下）过程中产生的滤液，该废水通常含有较高浓度的氨氮。另外，因使用的调理剂[1]不同，该废水水质会呈现出一定的碱度或酸度。目前，我国对污泥脱水过程中产生的废水并未给予足够重视，均将该废水采用直接回流后与污水厂进水一同处理[2]。然而，随着国家对污泥脱水要求的提高，由此产生的废水量增加显著，且水质变得越来越复杂，逐渐成为新的污染源。可以预见，采用传统直接回流的方法日后势必会显著增加污水处理厂的负荷，从而影响最终出水水质。因此，本部分试验在小试 SBR 中考察 AGS 对低碳氮质量比的 MSDDF 的处理效果，及该废水对 AGS 稳定性的影响，为 AGS 技术的实际应用提供技术支持。

6.1 实验装置

小试 SBR（图 6-1）的有效容积为 9L（内径 8.4cm，有效水深 163cm，*H/D*

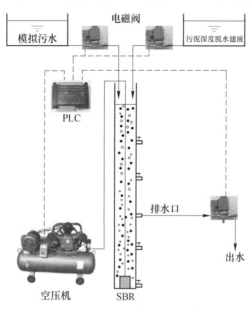

图 6-1 实验装置

为19.4，材质为有机玻璃），换水比60%，SGV 为 1.2~1.5cm/s。采用直接接种成熟 AGS 启动反应器，起始 MLSS 控制在 8000mg/L 左右。运行周期为 6h，其中进水 5min，厌氧 60min（不搅拌），曝气 289min，沉淀 1min，出水 5min。反应器在室温下运行（16~37℃），模拟污水及 MSDDF 分别从两高位水箱自流进入反应器。

6.2 污水水质

实际进水为在模拟污水（参考表 2-2 进行配制）中添加了一定比例的 MSDDF 的综合废水，驯化过程中逐步提高 MSDDF 的比例（质量分数，以 COD 贡献值计）直至 100%，而模拟污水的比例则逐渐降至零。模拟污水 COD、NH_4^+-N 及 TP 浓度分别为 800mg/L、100mg/L 及 10mg/L，电导率约 1.01mS/cm。MSDDF 来自汤逊湖污水处理厂中试脱水车间，为剩余污泥经 A 配方调理后板框压滤脱水后收集的滤液，其水质见表 6-1。各阶段 SBR 进水水质见表 6-2，进水前用 NaOH 溶液调 pH 至 7 左右。采样、样品保存及分析测试方法同第 2.3 节中所述。

表 6-1 MSDDF 水质

指　标	数　值	指　标	数　值
pH	5.87	$Fe^{2+}/mg \cdot L^{-1}$	14.23
$COD/mg \cdot L^{-1}$	566.30	$Fe/mg \cdot L^{-1}$	18.48
氨氮$/mg \cdot L^{-1}$	67.40	电导率$/mS \cdot cm^{-1}$	2.32
$TN/mg \cdot L^{-1}$	75.56	$SS/mg \cdot L^{-1}$	27
$TP/mg \cdot L^{-1}$	1.89	$Zn/mg \cdot L^{-1}$	23.04
硝态氮$/mg \cdot L^{-1}$	0.40	$Pb/mg \cdot L^{-1}$	0.10
亚硝态氮$/mg \cdot L^{-1}$	0.22	$Cd/mg \cdot L^{-1}$	0.071

表 6-2 驯化过程中的实际进水水质

时间 /天	比例/%		COD $/mg \cdot L^{-1}$	氨氮 $/mg \cdot L^{-1}$	TN $/mg \cdot L^{-1}$	TP $/mg \cdot L^{-1}$	OLR $/kg \cdot (m^3 \cdot d)^{-1}$	CH_3COONa[①] /g
	深度脱水液	模拟污水						
1~7	0	100	800.0	100.0	100.00	10.0	1.92	0
8~13	10	90	776.63	96.74	97.56	9.19	1.86	0
14~19	20	80	753.26	93.48	95.11	8.38	1.81	0
20~24	30	70	729.89	90.22	92.67	7.57	1.75	0
25~29	40	60	706.52	86.96	90.22	6.76	1.70	0

| 时间
/天 | 比例/% | | COD
/mg·L⁻¹ | 氨氮
/mg·L⁻¹ | TN
/mg·L⁻¹ | TP
/mg·L⁻¹ | OLR
/kg·(m³·d)⁻¹ | CH₃COONa①
/g |
	深度脱水液	模拟污水						
30~33	50	50	683.15	83.70	87.78	5.95	1.64	0
34~37	60	40	659.78	80.44	85.34	5.13	1.58	0
38~41	70	30	636.41	77.18	82.89	4.32	1.53	0
42~45	80	20	613.04	73.92	80.45	3.51	1.47	0
46~49	90	10	589.67	70.66	78.00	2.70	1.42	0
50~56	100	0	566.30	67.40	75.56	1.89	1.36	0
57~60	100	0	566.30	67.40	75.56	1.89	2.82	2
61~66	100	0	566.30	67.40	75.56	1.89	3.54	3
67~72	100	0	566.30	67.40	75.56	1.89	4.27	4
73~78	100	0	566.30	67.40	75.56	1.89	5.00	5
79~84	100	0	566.30	67.40	75.56	1.89	5.73	6

① 每个周期的 4.5h 及 5.5h 为促进反硝化进行投加的外部碳源质量。

6.3 AGS 形态变化

大部分接种的 AGS 颜色为黄色，少量呈淡黄色，形状呈不规则的球形，它们轮廓清晰、表面光滑、结构紧凑，但也可观察到少量白色片状物，这主要是大颗粒解体后的产物。接种 AGS 的 SVI 为 18.3mL/g，平均粒径为 1.70mm，含水率和比重分别为 98.97% 及 1.0103，以上特性数据表明接种 AGS 具有较好的稳定性及良好的沉降性能。在 84 天的运行过程中，随着 MSDDF 比例的增加，AGS 的颜色由黄色逐渐变为黄褐色，而颗粒粒径逐渐变小并趋于致密（图 6-2）。从第 8 天开始反应器内絮状污泥比例大幅增加，许多颗粒变得松散易碎，这表明 MSDDF 的加入对 AGS 的稳定性有一定冲击，导致部分颗粒解体。13 天后陆续出现不规则的条状颗粒，且其比例不断增加，在第 40 天时反应器内可观察到大量不规则的条状颗粒，这可能是 AGS 对水质变化后的自我调整，通过改变自身形状以适应新环境。随后这种颗粒的比例迅速减少，44 天以后反应器内的颗粒几乎全部呈不规则的球状，这主要是污泥量的增加亦增大了颗粒之间的摩擦，因而颗粒趋于规则。此后，并未观察到 AGS 的形态发生明显变化。驯化出的颗粒污泥的含水率和比重分别为 98.13%、1.0114，并具有更致密的结构。由 AGS 的形态变化可知，MSDDF 的加入对 AGS 的稳定性有一定的冲击，造成试验前期部分颗粒解体，但进水中的高含盐量[3]、高浓度氨氮[4]、高浓度金属离子[5]等作为一种生物选择压[6]使得反应器中驯化出的 AGS 更加致密、稳定，颗粒污泥的特殊结构提高了内部种群抵抗外部毒素的冲击，并表现出较好的适应性。

利用 SEM 对驯化成功的 AGS 的微观形貌进行分析（图 6-3）。观察发现 AGS 表面覆盖着一层生物惰性物质，如无机盐、EPS 等，使得颗粒表面凹凸不平、并有大量孔道。这层惰性物质如保护伞一样可大大减小外部有毒物质对内部生物的冲击。颗粒内部则栖息着大量微生物，这些微生物以短杆菌为主，它们紧密地结合在一起，而少量丝状菌则主要附着在颗粒表面，并镶嵌在惰性物质当中。

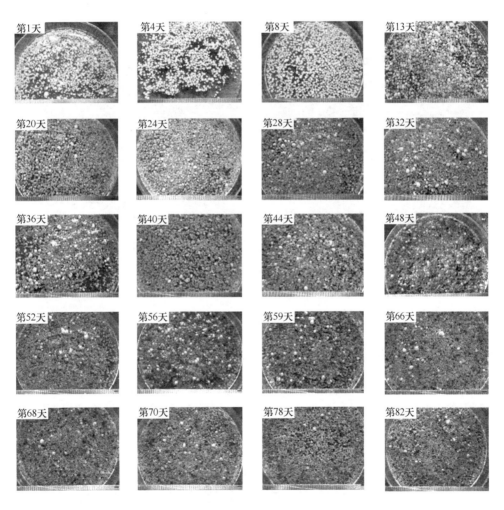

图 6-2　驯化过程中 AGS 宏观形态变化（标尺为 5mm，彩色图参见文后图 12）

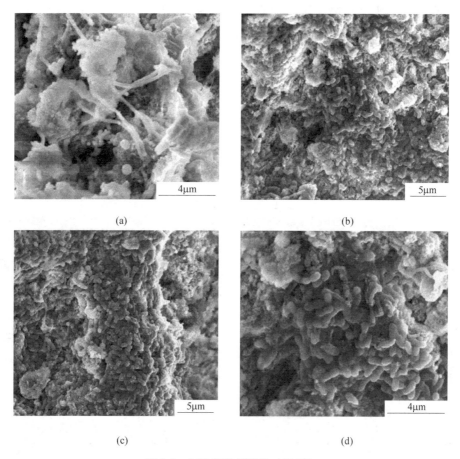

图 6-3　AGS 的微观形貌（81 天）

6.4　AGS 的理化特性

6.4.1　污泥浓度及沉降性能变化

　　前 78 天内 MLSS 波动较大（图 6-4（a））：MLSS 在前 17 天内整体呈上升趋势，并在第 17 天时达到最大的 13.6g/L；随后的 23 天内 MLSS 整体呈减小趋势，并在第 39 天时达到最小的 3.8g/L；此后 MLSS 虽略有波动，但整体变化趋缓。分析污泥量减少的原因包括：（1）随着 MSDDF 比例的增加（20%~70%），AGS 表现出严重的不适应，导致第 18 天开始颗粒解体产生的大量絮体随出水排出反应器；（2）在未投加固体乙酸钠之前，驯化过程中 OLR 逐渐减小，亦导致了反应器内污泥量的减少。57~68 天内 MLSS 出现小幅的上升，这主要是外投碳源增加了反应器的 OLR 造成的，但随着反硝化效率的提高，MLSS 随之逐渐减少。随着微生物逐渐适应 MSDDF 的水质，MLSS 在 78 天以后趋于稳定，基本稳定在 5.1g/L 左右。

前 40 天内 AGS 的 SVI 整体呈明显的增大趋势，并在第 40 天时达到最大的 78.1mL/g。这表明在 MSDDF 的冲击下，一些颗粒出现解体，而一些颗粒变得松散，从而导致 AGS 的沉降性能的恶化。随着微生物逐渐适应 MSDDF 的水质，SVI 在 41~74 天内整体呈减小趋势。76 天以后 SVI 趋于稳定，基本稳定在 41.0mL/g 左右。

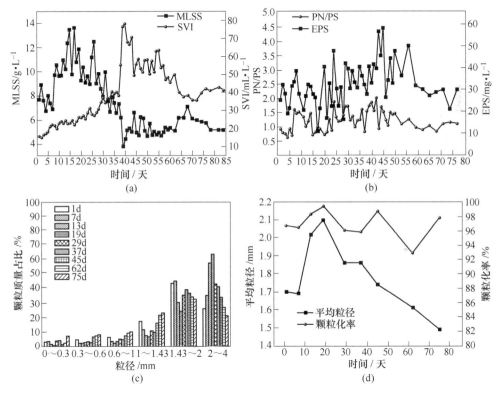

图 6-4　驯化过程中污泥理化特性变化图
（a）SVI 及 MLSS；（b）EPS 及 PN/PS；（c）粒径分布；（d）平均粒径和颗粒化率

6.4.2　AGS 胞外聚合物 EPS

驯化过程中 AGS 的 EPS 含量及 PN/PS 比值处于剧烈波动状态，它们整体呈先增加后减小的趋势（图 6-4（b））：前 45 天内 EPS 整体呈增大趋势，并在第 45 天时达到最大的 57.90mg/g MLVSS，随后的 14 天内 EPS 整体呈减小趋势，60 天后 EPS 的变化趋于平缓，基本稳定在 30.0mg/g MLVSS 左右；PN/PS 在前 42 天内整体呈增大趋势，并在第 42 天时达到最大的 2.01，随后的 14 天内 PN/PS 整体呈减小趋势，60 天以后 PN/PS 趋于稳定，基本维持在 1.0 左右。从试验数据中可发现，反应器运行的前 6 天与驯化后期（60 天以后）的颗粒污泥的 EPS 及 PN/PS 十分相近，而中间这段时间的 EPS 及 PN/PS 要明显高于前、后两段时期。这表明 MSDDF 的加入的确对 AGS 的稳定性造成了一定的冲击，导致部分颗粒解体被排除反应器。然而，为了抵抗外部不利环境的冲击，AGS 通过改变自身形状并分泌更多的 EPS 以维持自身的结构，最终适应了新的环境，并表现出更加稳定的特性。研究表明 EPS 中 PN 及 PS 的组成对 AGS 的稳定性亦有重要影响[7~9]，然而对于二者谁起决定作用尚存争议[8,9]。前 42 天内 PN 整体呈增大趋势，这表明 PN 在这段时间内对于 AGS 稳定性的维持发挥了更重要的作用。此后 PN 逐渐减小，而 PS 则逐渐增大，甚至偶尔超过了 PN 的含量，这表明后期 PS 对 AGS 的稳定性维持贡献更大。

6.4.3　AGS 粒径变化

平均粒径及粒径分布是 AGS 的重要特征参数，对 AGS 的传质效果和沉降性能具有显著影响[10~13]。接种 AGS 的粒径分别为 1.0~1.43mm、1.43~2.0mm 和 2.0~4.0mm 这三个区间（图 6-4（c）），它们所占总质量百分比为 77.13%，这表明接种污泥中以较大颗粒为主。随着进水中 MSDDF 比例的增大，1.0mm 以下颗粒变化不大，它们各自所占质量百分比始终在 10% 以下，而 1.0mm 以上较大粒径的变化则各不相同：1.0~1.43mm 区间内颗粒的比例先减小后增大；1.43~2.0mm 内颗粒整体呈减小趋势，但下降幅度较小；2.0~4.0mm 内颗粒先增多后减少，当进水中 MSDDF 的比例增加到 20% 时，2.0mm 以上颗粒的比例达到最大62.68%，这主要是受污泥深脱水滤液的冲击，一部分大颗粒解体，而更多的颗粒则是变得蓬松易碎，导致大颗粒比例的增大，随后这些蓬松的大颗粒逐渐解体为小颗粒，从而又导致了大颗粒比例的减少。最终，1.43~2.0mm 内的颗粒取代2.0~4.0mm 内颗粒成为优势区间，这表明 MSDDF 的高氨氮、低碳氮质量比的水质更适宜中等粒径的颗粒污泥生存。

驯化过程中，平均粒径整体呈先增大后减小的趋势（图 6-4（d））。第 19 天时平均粒径达到最大 2.10mm，而随后逐渐减小，第 75 天时达到最小 1.49mm。前期平均粒径的增大主要是许多大颗粒变得蓬松所致，随后平均粒径减小的原因包括：（1）蓬松的大颗粒在较大水力剪切力下逐渐破碎、解体，导致了平均粒径的减小；（2）随着进水 COD 浓度的减小，污泥的 F/M 比亦逐渐减小，颗粒内部微生物得不到营养物质而导致大颗粒解体为较小的颗粒；（3）随着进水中氨氮浓度的增大及 C/N 比的减小，硝化细菌逐渐得到富集，而异养菌所占的比例则逐渐下降，导致污泥总的比生长速率减小[14]亦造成了平均粒径减小。颗粒化

率虽略有波动，但始终保持在 92% 以上，这表明驯化过程中 AGS 较好的保持了
其自身的结构。虽然驯化过程中亦观察到了少量大颗粒的解体，但这些解体的小
颗粒又在短期内成长为新的颗粒，使得颗粒的粒径分布更加均匀。因此，结果再
次证明通过富集慢速生长的硝化细菌可有效维持 SBR 中 AGS 的稳定性[15]。

6.5　SBR 中 AGS 去污效果

6.5.1　COD 及 TP 去除效果

MSDDF 及模拟污水的 COD 分别为 563.0mg/L 及 800.0mg/L。因此，随着进
水中 MSDDF 比例的增加，驯化过程中进水 COD 逐渐降低。前 7 天 AGS 表现出良
好的 COD 去除效果（进水全部为模拟废水），出水 COD 保持在 85.0mg/L 以下、
去除率保持在 90% 以上（图 6-5（a））。随后，每增加一次 MSDDF 的比例，出水
COD 会出现小幅度的波动。但经过 2~3 个周期的缓冲后，出水 COD 又会逐渐降

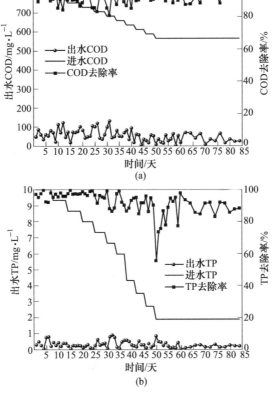

图 6-5　反应器对 COD 及 TP 去除效果

（a）出水 COD 及其去除率；（b）出水 TP 及去除率

低。随着 AGS 逐渐适应 MSDDF 的水质，32 天以后出水 COD 趋于稳定，正常情况下保持在 60.0mg/L 以下，去除率保持在 90% 以上。由污染物降解典型周期试验可知（图 6-7（a）~（d）），反应器内 COD 在前 60min 厌氧期内变化不大，但曝气开始后反应器中 COD 迅速减小，30min 内几乎被全部降解完，90min 以后反应器进入贫营养期，因为 COD 始终保持在 100.0mg/L 以下。

前 59 天内出水 TP 始终保持在 0.84mg/L 以下，但在小范围内波动（图 6-5（b））。类似于 COD 的变化，当进水中实际废水的比例增加时，出水 TP 浓度会突然升高，但随后又会逐渐降低。第 50 天时实际废水的比例增加到 100%，监测到出水 TP 达到最大的 0.84mg/L。第 60 天开始出水 TP 始终保持在 0.32mg/L 以下，出水 TP 的变化逐渐趋于稳定，而去除率保持在 83.0% 以上。

6.5.2　反应器脱氮效果

反应器脱氮效果如下。

6.5.2.1　TN 及氨氮去除

前 7 天内 TN 的去除率一般在 60% 以上，出水 TN、氨氮变化不大（图 6-6）。随着第 8 天开始实际废水的加入，出水 TN、氨氮迅速升高，二者均在第 11 天时达到最大值（90.47mg/L 及 86.10mg/L），TN 的去除率降至 7.3%，这表明 MSDDF 对 AGS 的硝化及反硝化性能造成极大冲击。此后，出水 TN、氨氮整体呈减小趋势。当反应器运行至 38 天进水中实际废水比例增加至 70% 时，出水氨氮浓度明显降低，接下来的 14 天内出水氨氮变化逐渐趋于平稳，44 天以后基本维持在 1.0mg/L 以下，其去除率一般在 97% 以上。结果表明随着碳氮质量比的减小，AGS 的硝化能力在不断增强。驯化过程中亚硝态氮始终不超过 1.95mg/L，

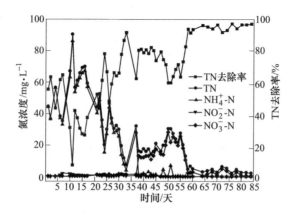

图 6-6　出水各态氮变化情况及 TN 去除率（彩色图参见文后图 13）

并维持在较低水平。1～37 天内硝态氮并未出现明显积累（0.20～1.62mg/L 之间）。然而，出水硝态氮在 38～56 天内出现明显积累（10.62～28.28mg/L），成为了 TN 的主要贡献者。随着第 57 天开始外部碳源的投加，出水硝态氮逐渐减小，导致随后其最大值不超过 4.92mg/L，78 天以后甚至保持在 0.67mg/L 以下。得益于反硝化能力的提升，TN 的去除率亦随之不断升高，58 天后保持在 91% 以上。

进水中的氨氮在好氧状态下能被硝化细菌氧化成亚硝态氮和硝态氮，通常首先由亚硝酸细菌将氨氮氧化成亚硝态氮，再由硝酸细菌把亚硝态氮氧化成硝态氮。但硝化反应还不能真正将溶解态氮从污水中去除，要达到脱氮目的，还需通过反硝化将硝态氮和亚硝态氮还原为气态氮化物或 N_2。由试验数据可知：38 天之前反应器中亚硝态氮和硝态氮一直处于较低水平，无大量积累且伴随着少量 TN 的去除，这表明同化作用可能贡献了大部分 TN 的去除。随着进水中实际废水的比例进一步增大至 70%，38 天后大部分氨氮被转化为硝态氮，出水硝态氮陡然由第 37 天的 1.34mg/L 增大至 13.30mg/L，第 50 天时达到最大值 28.28mg/L，导致出水 TN 居高不下，这表明此时的 AGS 具有良好的硝化性能，但反硝化能力严重不足。

6.5.2.2 典型周期内脱氮规律

未投加外部碳源前，由污染物降解典型周期试验可知（图 6-7（a）），前 60min 厌氧期内 TN、氨氮浓度变化不大，开始曝气后 TN、氨氮浓度逐渐下降。120min 后硝态氮浓度持续升高，导致反应结束后出水 TN 仍维持在较高水平。相比之下，反应器内 COD 在 120min 后几乎消耗殆尽。因此，造成出水 TN 较高、硝态氮不断积累的主要原因是反应器内缺乏反硝化可利用的有机碳源。因此，为提高 TN 的去除率，本文研究了投加固体乙酸钠对提高反应器反硝化效果的影响，而外部碳源的投加时间点及投加量被选为主要的影响因子。乙酸钠的投加量参考德国 ATV 标准（ATV-DVWKA131E），单级活性污泥法工艺设计中 1kg 硝态氮反硝化需要 5kg COD。以硝态氮最大积累量（28.28mg/L）计，所需外加 COD 为141.40mg/L（1.0g 乙酸钠相当于 0.68g COD，对应外投乙酸钠的量为 1.86g）。考虑到未控制曝气，一部分投加的碳源会迅速被微生物吸附、降解。因此，为提高外投碳源的利用率，试验起始投加量设为 2.0g（对应的起始 COD 为 152mg/L），并且等量分成两份分别投加。

56 天以后固体乙酸钠在未控制曝气情况下于每个周期的 4～6h 内瞬间投入反应器。然而，投加 2.0g 乙酸钠对反硝化并未起到明显促进作用，随后，根据 TN 及硝态氮的去除情况逐步提高乙酸钠的用量。研究发现，当分别在 4.5h 和 5.5h

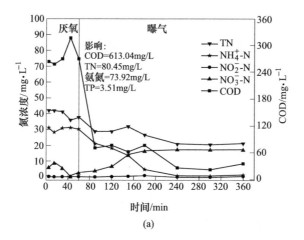

(a)

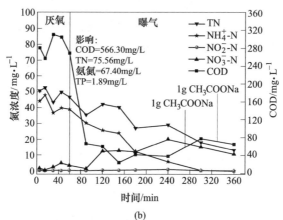

(b)

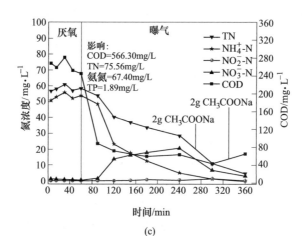

(c)

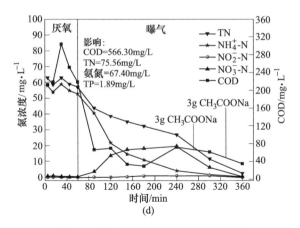

图 6-7　典型周期内污染物降解效果

（a）第 45 天，未投加外部碳源；（b）第 57 天于 4.5h 和 5.5h 时分别投加 1g 固体乙酸钠；

（c）第 68 天于 4.5h 和 5.5h 时分别投加 2g 固体乙酸钠；

（d）第 80 天于 4.5h 和 5.5h 时分别投加 3g 固体乙酸钠

投加 2~3g 乙酸钠时（对应的 COD 浓度为 152.0~228.0mg/L），可显著提高反应器的反硝化性能（图 6-7（b）~（d））。得益于反应器反硝化能力的提升，57 天以后出水硝态氮由 10.62mg/L 逐渐降低至 0.39mg/L。最终，TN 的去除率升高至 97%以上（出水 TN 减小至 2.21mg/L 以下），而氨氮几乎被全部降解掉，其去除率接近 100%。虽然乙酸钠的投加增加了 OLR，但反应器的 MLSS 并未显著增加。这表明大部分外投碳源都被用于反硝化，从而促进了反硝化细菌的生长及反硝化的进行。

A/O（缺氧/好氧活性污泥法）、A²/O（厌氧/缺氧/好氧活性污泥法）等传统废水生物处理技术，其硝化、反硝化需要在不同 DO 反应器内完成。与它们不同的是，本试验在高 DO 环境下（DO 接近饱和）通过外投碳源成功实现了高效硝化、反硝化。得益于 AGS 的独特微环境，成熟 AGS 内部常存在缺氧、厌氧微环境从而有助于各类微生物生长繁殖[16]：氨氮在 AGS 表面被硝化细菌氧化成硝态氮及亚硝态氮，而它们又作为反硝化的电子受体被 AGS 内反硝化细菌所利用，最终转化为 N_2 释放进入空气，使得在单级生物反应器内成功实现了 COD 及 TN 的高效去除。

参 考 文 献

[1] Liu H，Yang J K，Shi Y F，et al. Conditioning of sewage sludge by Fenton's reagent combined

with skeleton builders [J]. Chemosphere, 2012, 88 (2): 235-239.

[2] 陈丹丹, 窦昱昊, 卢平, 等. 污泥深度脱水技术研究进展 [J]. 化工进展, 2019, 38 (10): 4722-4746.

[3] 罗芳林, 杨红薇. 好氧颗粒污泥处理含盐有机废水研究进展 [J]. 工业水处理, 2018, 38 (3): 12-16.

[4] 董晶晶, 吴迪, 马柯, 等. 好氧颗粒污泥工艺强化脱氮研究进展 [J]. 应用与环境生物学报, 2018, 24 (1): 177-186.

[5] 刘绍根, 孙菁, 徐锐. Ca^{2+}、Mg^{2+}对好氧污泥快速颗粒化的影响研究 [J]. 环境科学学报, 2015, 5 (1): 168-176.

[6] Liu Y, Wang Z W, Qin L, et al. Selection pressure-driven aerobic granulation in a sequencing batch reactor [J]. Applied Microbiology and Biotechnology, 2005, 67: 26-32.

[7] 闫立龙, 刘玉, 任源. 胞外聚合物对好氧颗粒污泥影响的研究进展 [J]. 化工进展, 2013, 32 (11): 2744-2756.

[8] Liu Y Q, Liu Y, Tay J H. The effect of extracellular polymeric substances on the formation and stability of biogranules [J]. Applied Microbiology and Biotechnology, 2004, 65 (2): 143-148.

[9] McSwain B S, Irine R L, Hausner M, et al. Composition and distribution of extracellular polymeric substances in aerobic flocs and granular sludge [J]. Applied and Environmental Microbiology, 2005, 71 (2): 1051-1057.

[10] Zheng Y M, Yu H Q, Liu S J, et al. Formation and instability of aerobic granules under high organic loading conditions [J]. Chemosphere, 2006, 63: 1791-1800.

[11] Verawaty M, Tait S, Pijuan M, et al. Breakage and growth towards a stable aerobic granule size during the treatment of wastewater [J]. Water Research, 2013, 47: 5338-5349.

[12] Bella G D, Torregrossa M S. Imultaneous nitrogen and organic carbon removal in aerobic granular sludge reactors operated with high dissolved oxygen concentration [J]. Bioresource Technology, 2013, 142: 706-713.

[13] Toh S K, Tay J H, Moy B Y P, et al. Size-effect on the physical characteristics of the aerobic granule in a SBR [J]. Applied Microbiology and Biotechnology, 2003, 60: 687-695.

[14] Zhou M, Gong J Y, Yang C Z, et al. Simulation of the performance of aerobic granular sludge SBR using modified ASM3 model [J]. Bioresource Technology, 2013, 127 (1): 473-481.

[15] Liu Y, Yang S F, Tay J H. Improved stability of aerobic granules by selecting slow-growing nitrifying bacteria [J]. Journal of Biotechnology, 2004, 108 (2): 161-169.

[16] Xia J T, Ye L, Ren H Q, Zhang X X. Microbial community structure and function in aerobic granular sludge [J]. Appl Microbiol Biotechnol, 2018, 102 (9): 3967-3979.

7 连续流反应器中 AGS 对 MSDDF 的处理效果及稳定性

目前，关于 AGS 的绝大多数研究都是在 SBR 中进行的[1]，有关连续流 AGS 反应器的报道还很少[2]。AGS 的形成是一个污泥筛选的过程，即沉降性能差的絮状污泥被逐渐淘汰，而沉降性能好的颗粒逐渐富集的过程[3]。利用 SBR 的静态沉淀排泥机制等创造的水力选择压，SBR 中实现好氧颗粒化的成功率很高[4]。然而，连续流反应器内并无此理想的静态沉淀过程，且连续进出水会对泥水分离产生扰动，因此，要实现良好的污泥筛分效果只能依靠构造精密的三相分离器。在现有研究的基础上，借鉴 SBR 的变种工艺 LUCASS 运行方式，设计研发了循环式 AGS 反应器（CAGSR，cyclic aerobic granular sludge reactor），该反应器可在恒水位下连续进出水，并可承受高有机负荷[5]。得益于 AGS 独特的微观结构，SBR 中已有大量关于 AGS 用于高氨氮废水或低 C/N 比实际废水处理的研究[6]，并展现出了良好的脱氮性能。研究表明，在 SBR 中通过富集硝化细菌这类慢速生长的细菌可大大提高 AGS 的稳定性[7]。由于目前连续流好氧颗粒污泥反应器（CFAGR）的研究还非常少，因而尚无法系统评价此策略对连续流中 AGS 的稳定性的影响，但无疑是为后续研究提供了一个重要方向。另外，绝大多数的连续流 AGS 反应器都以模拟废水为基质[1]，对于复杂的实际废水下连续流中 AGS 稳定性的研究还极度匮乏。因此，本试验首先接种部分成熟 AGS 在连续流反应器中快速实现颗粒化，然后逐步提高进水中 MSDDF 的比例，研究连续流下高氨氮、低 C/N 比实际废水对 AGS 稳定性的影响，为连续流 AGS 反应器的实际应用提供技术支持。

7.1 试验装置

7.1.1 CAGSR

CAGSR（见图 7-1）的有效容积为 73.68L，包括三根结构、功能相同的单体反应柱（R_1、R_2 及 R_3）。每根反应柱都设有斜管及挡板沉淀池，使其能单独实现泥、水、汽三相分离。单体反应柱由主反应区（内径 12.0cm、有效水深 1.8m、H/D 为 15）、斜管（内径 4.0cm、有效长度 280.0cm、水平倾角 60°）、沉淀池（内径 10.0cm、有效高度 436.0cm）等组成，有效体积 24.56L，材质为有机玻璃。CAGSR 采用三个反应柱轮流进水，通过可编程逻辑控制器（PLC）控制电磁阀的开闭以实现不同的进水次序，运行机制类似于 LUCAS 工艺（三反应器型）。系统循环时间为 4h，每 80min 切换一次进、出水反应器，即：0～80min 内污水首先进入 R_1，流经 R_2 后最终从 R_3 排放，流动方向为 $R_1 \rightarrow R_2 \rightarrow R_3$，80～160min 内流向为 $R_3 \rightarrow R_1 \rightarrow R_2$，160～240min 内流向为 $R_2 \rightarrow R_3 \rightarrow R_1$，随后依次循环。压缩空气由空压机通过曝气头从主反应区底部充入，SGV 控制在 1.2～2.0cm/s 之间。由蠕动泵将污水从主反应区下部进水口（距底部 1.60cm）压入，混合液在上升过程中，一部分流经斜管进入挡板沉淀池中，上清液从出水口排出、截留污泥则由回流管返回主反应区（回流口距底部 5.0cm）。

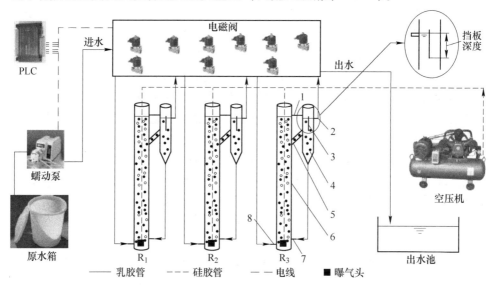

图 7-1　试验装置

1—支撑；2—出水口；3—挡板；4—挡板沉淀池；5—斜管；6—反应柱；7—回流口；8—进水口

斜管及挡板沉淀池是本装置泥水分离及污泥筛选的核心部分，混合液在斜管内上升过程中，因沉降性能及惯性差异而达到一定的污泥筛选与分离作用，沉降速度快的颗粒污泥在斜管内被截留，将返回主体反应柱，较小的絮体则随出水被排出反应器。颗粒污泥在斜管中流速与沉速之间的关系满足式（7-1）、式（7-4），如图 7-2 所示，即根据流量及拟截留的颗粒污泥，便可确定斜管的几何尺寸（包括内径、倾斜角度、长度等）。此外，沉淀池中设有挡流板，根据排泥需要可调节高度。

斜管流速与沉速公式：

$$\frac{V}{U_0} = \frac{L + L_1}{L_2} \tag{7-1}$$

另有：

$$L_1 = \frac{d}{\sin\alpha \cdot \cos\alpha} \tag{7-2}$$

$$L_2 = \frac{d}{\cos\alpha} \tag{7-3}$$

将式 (7-2)、式 (7-3) 代入式 (7-1),得

$$\frac{v}{u_0} = \frac{L}{d}\cos\alpha + \sin\alpha \tag{7-4}$$

式中　u_0——颗粒沉降速度;

　　　v——颗粒沿斜管上升速度;

　　　L——斜管长度;

　　　d——斜管内径;

　　　α——斜管水平倾角。

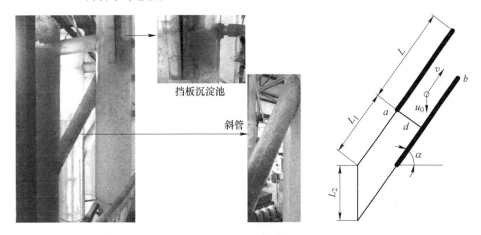

图 7-2　斜管中 AGS 的流速与沉速关系

7.1.2　批次试验装置

批次试验用于探索 CAGSR 的污泥筛分效果,在单根反应柱中进行,反应柱构型与 R_1、R_2 及 R_3 相同,命名为 R_4 (见图 7-3),其运行方式为单柱连续进出水,试验开始时 MLSS 为 4000~5000mg/L。批次试验持续时间为一个 HRT,出水全部收集于出水箱,试验结束时取 1L 混合均匀的水样用于粒径分析。控制曝气量为 8.5L/min,测定在 HRT 为 1h、2h 及 3h 时,挡板插入深度 (挡板末端与出水口的垂直距离) 分别为 0cm、4cm、6cm、8cm 及 10cm。

7.1.3　保留效率

保留效率用于衡量 CAGSR 对 AGS 的选择性截留能力,定义为一个 HRT 后反应器中 AGS 的质量占试验开始前反应器内 AGS 质量的百分比,具体可通过公式 (7-5) 计算:

$$保留效率 = 1 - \frac{反应器出水中颗粒污泥浓度}{反应器中颗粒污泥浓度} \times 100\% \qquad (7\text{-}5)$$

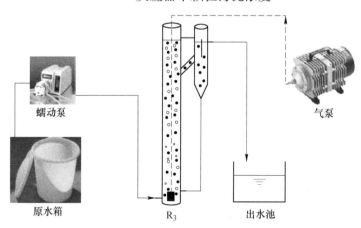

图 7-3　批次试验装置

7.2　接种污泥

接种污泥为活性污泥及少量成熟 AGS 的混合污泥，各反应柱的起始 MLSS 为 3500mg/L 左右。活性污泥颜色为棕褐色，取自武汉市汤逊湖污水处理厂。AGS 为实验室前期中试 SBR 中培养所得，颜色为淡黄色。接种污泥特性见表 7-1。

表 7-1　种泥的主要特性参数

接种污泥	比例（质量分数）/%	SVI /mL·g^{-1}	平均粒径 /mm	EPS /mg·g^{-1}	PN/PS	MLVSS/MLSS	含水率 /%
活性污泥	80	70.0	0.16	25.05	0.20	0.72	99.96
AGS	20	60.0	1.43	41.04	1.32	0.81	97.50

7.3　污水水质

不同阶段采用不同的进水水质，培养期（Ⅰ）的进水水质为模拟污水，驯化期（Ⅱ、Ⅲ）的进水水质为模拟污水中添加了部分 MSDDF（B 配方及 C 配方）的混合污水，驯化过程中逐步提高进水中实际废水的比例（以 COD 贡献量计，不考虑不同批次废水的水质变化）；稳定运行期（Ⅳ）为 MSDDF（D 配方）。该 MSDDF 来自实验室小试脱水平台，为剩余污泥经 B、C、D 配方调理后板框压滤脱水后收集的滤液，模拟污水及 MSDDF 的水质见表 7-2，不同阶段的实际进水水质见表 7-3。

表 7-2 污水组成

序号	种类	水质指标			
		指标	数值[①]	微量元素组分[②]	数值
1	模拟污水	pH	6.91	$H_3BO_3/g \cdot L^{-1}$	0.05
		电导率$/mS \cdot cm^{-1}$	1.928	$CoCl_2 \cdot 6H_2O/g \cdot L^{-1}$	0.05
		$CH_3COONa/mg \cdot L^{-1}$	879.0	$CuCl_2/g \cdot L^{-1}$	0.03
		$NH_4Cl/mg \cdot L^{-1}$	22929	$MnSO_4/g \cdot L^{-1}$	0.05
		$KH_2PO_4/mg \cdot L^{-1}$	26.32	$AlCl_3/g \cdot L^{-1}$	0.05
		$CaCl_2/mg \cdot L^{-1}$	45.0	$ZnCl_2/g \cdot L^{-1}$	0.05
		$FeSO_4 \cdot 7H_2O/mg \cdot L^{-1}$	18.0	$NiCl_2/g \cdot L^{-1}$	0.05
		$MgSO_4/mg \cdot L^{-1}$	20.25	$Na_2Mo_7O_{24} \cdot 2H_2O/g \cdot L^{-1}$	0.07
2	MSDDF (B配方)	指标	数值	指标	数值
		pH	12.44	电导率$/mS \cdot cm^{-1}$	5.341
		ORP/mV	-368	$COD/mg \cdot L^{-1}$	519.42±60.12
		$TN/mg \cdot L^{-1}$	183.46±23.28	氨氮$/mg \cdot L^{-1}$	162.95±19.45
		亚硝态氮$/mg \cdot L^{-1}$	0.38	硝态氮$/mg \cdot L^{-1}$	1.95
		$TP/mg \cdot L^{-1}$	0.28	$SS/mg \cdot L^{-1}$	68.43
3	MSDDF (C配方)	指标	数值	指标	数值
		pH	12.38	电导率$/mS \cdot cm^{-1}$	4.943
		ORP/mV	-350	$COD/mg \cdot L^{-1}$	490.64±47.36
		$TN/mg \cdot L^{-1}$	106.35±17.68	氨氮$/mg \cdot L^{-1}$	93.33±14.48
		亚硝态氮$/mg \cdot L^{-1}$	0.18	硝态氮$/mg \cdot L^{-1}$	1.41
		$TP/mg \cdot L^{-1}$	0.26	$SS/mg \cdot L^{-1}$	123.17
4	MSDDF (D配方)	指标	数值	指标	数值
		pH	5.06	电导率$/mS \cdot cm^{-1}$	3.542
		ORP/mV	-317	$COD/mg \cdot L^{-1}$	430.91±35.72
		$TN/mg \cdot L^{-1}$	167.17±33.81	氨氮$/mg \cdot L^{-1}$	148.53±28.54
		亚硝态氮$/mg \cdot L^{-1}$	0.58	硝态氮$/mg \cdot L^{-1}$	4.26
		$TP/mg \cdot L^{-1}$	1.48	$SS/mg \cdot L^{-1}$	64.16

① 对应模拟污水的 COD，NH_4^+-N 及 TP 分别为 600mg/L，60mg/L 及 6mg/L。

② 微量元素投加量为 1mL/污水。

表 7-3 不同阶段实际进水水质

阶段	时间/天	流量$/L \cdot h^{-1}$	HRT/h	厌氧时长/min	废水比例（质量分数）/%		进水水质$/mg \cdot L^{-1}$				OLR$/kg \cdot (m^3 \cdot d)^{-1}$	NLR$/kg \cdot (m^3 \cdot d)^{-1}$	挡板插入深度/cm
					MSDDF	模拟污水	COD	TN	氨氮	TP			
Ⅰ	1~15	12.28	6	80	0	100	600	60.0	60.0	6.0	2.40	0.24	10
Ⅱ	16~20	12.28	6	80	10	90	580	72.35	70.23	5.52	2.32	0.28	8
	21~26	12.28	6	80	30	70	540	97.04	90.69	4.56	2.16	0.36	8
	27~28	12.28	6	60	50	50	559.70	121.73	111.50	3.10	2.24	0.45	8

阶段	时间/天	流量/L·h⁻¹	HRT/h	厌氧时长/min	废水比例（质量分数)/%		进水水质/mg·L⁻¹				OLR/kg·(m³·d)⁻¹	NLR/kg·(m³·d)⁻¹	挡板插入深度/cm
					MSDDF	模拟污水	COD	TN	氨氮	TP			
Ⅲ	29~31	12.28	6	60	50	50	545.30	83.18	76.67	3.10	2.18	0.31	8
	32~36	12.28	6	40	70	30	452.50	135.02	121.95	2.50	1.81	0.49	8
Ⅳ	37~70	8.19	9	0	100	0	430.90	167.17	148.53	1.48	1.15	0.40	8

7.4　分析测试方法

样品采集及分析测试方法见第 2.3 节及第 5.3 节所述。$SOUR_H$、$SOUR_{NH_4}$ 和 $SOUR_{NO_2}$ 分别表示异养细菌、氨氧化菌（AOB）和亚硝酸盐氧化菌（NOB）的生物活性，三者之和为 SOUR 值。具体操作方法如下：

（1）取曝气末端适量（100mL）硝化颗粒污泥，在 3500r/min 的条件下离心 5min，将上清液倒掉，然后用去离子水清洗，再离心、清洗，重复 2~3 次后导入内置搅拌装置的 BOD 测定瓶。

（2）将已充氧至饱和的底物溶液倒入 BOD 瓶，塞上装有溶解氧测定仪的胶皮塞。

（3）开启电磁搅拌器，待稳定后开始读数，记录溶解氧值，每小时记录一次。

（4）待 DO 示数基本没有变化或者降至 1mg/L 时停止测定，根据反应器中 $MLSS_1$(g/L) 及取样体积，及 BOD 瓶容积计算瓶内污泥浓度 $MLSS_2$(g/L)。根据 $MLSS_2$、测定时间 t 和 DO 变化率求得污泥的 SOUR：

$$SOUR = \frac{DO_0 - DO_t}{t \times MLSS}$$

式中　DO_0——起始溶解氧值，mg/L；

　　　　DO_t——测定结束后的溶解氧值，mg/L；

　　　　t——测定时间，h。

7.5　AGS 形成及驯化过程中的形态变化

随着反应器的运行，Ⅰ阶段（培养期）内混合污泥的颜色逐渐由黄褐色转变为淡黄色（见图7-4），且絮状污泥的比例逐渐下降，而颗粒污泥的比例则逐渐增大：前 3 天内反应器内絮状污泥占主导，从第 4 天开始菌胶团和颗粒污泥的比例逐渐增加、混合污泥的颜色转变为淡黄色，第 6 天时颗粒及菌胶团的比例明显增多，第 12 天时几乎全部以颗粒及菌胶团形式存在，随后 AGS 的比例进一步上升。颗粒化率在第 15 天时首次超过 90%，各反应柱均成功实现好氧颗粒化。观察发现，所形成的 AGS 呈淡黄色，形状极不规则，大部分呈扁球状及透明的片状，并夹杂着少量相互黏附的颗粒团。16 天后随着进水中 MSDDF 比例的增大，AGS 的颜色逐渐变深，第 21 天时呈明显的珊瑚色，31 天后呈明显的橘红色；第 16 天开始颗粒团的比例逐渐增多，但片状颗粒逐渐减少，第 21 天时几乎全部呈不规则的球状。随后 AGS 轮廓变得清晰、结构更加致密、粒径逐渐变小，70 天时大部分 AGS 以紧密结合的颗粒团的形式存在，推测这主要是 AGS 采用相互抱团的方式来抵御外界环境的冲击。

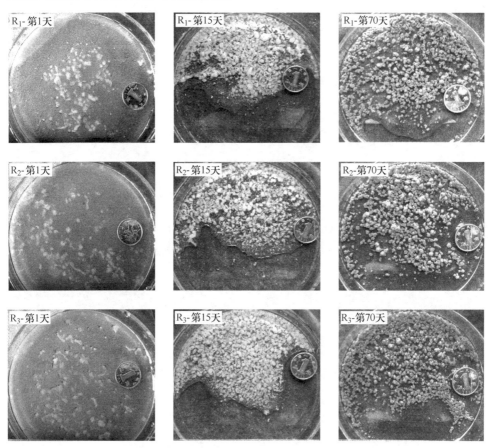

图 7-4 AGS 的宏观形态变化（标尺为 5mm）

利用 SEM 对 AGS 微观形貌进行分析（见图 7-5（a）～（c）），观察发现培养成功的 AGS 内栖息了大量微生物，并可观察到大量从颗粒表面伸展出的杆状细菌团。此外，还可观察到少量原生动物（累枝钟形虫），它们的出现表明污泥系统处于良好状态。驯化成功的 AGS 表面包裹着大量生物惰性物质（见图 7-5（d）~（f）），内部以球菌、杆菌为主，表面可观察到少量相互缠绕的丝状菌。

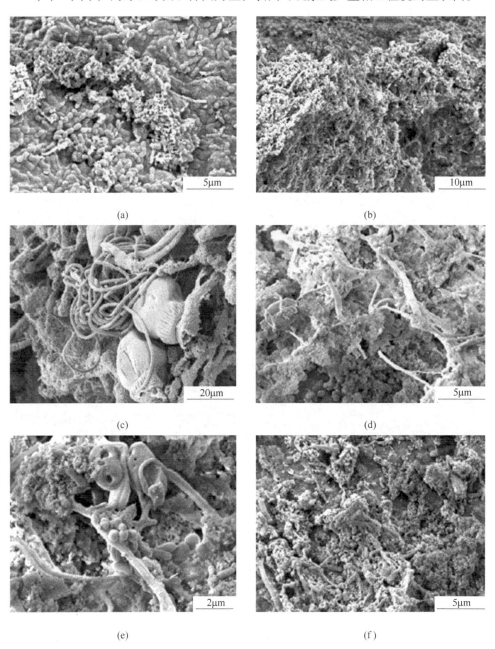

图 7-5　AGS 的微观形貌

（a）~（c）15 天；（d）~（f）70 天

7.6 培养及驯化过程中 AGS 的理化特性

7.6.1 污泥沉降性能

各反应柱中污泥的 SVI 在前 8 天内整体呈上升趋势（见图 7-6（a）），从 80mL/g 左右上升至 90mL/g 左右，这主要是试验开始时接种污泥对新环境尚不能适应造成。随后的 9~23 天内 SVI 变化比较平缓，并基本维持在 90mL/g 以上。表明这段时期内污泥的结构较蓬松，且沉降性能较差。这主要是连续流下较低的传质推动力[8]对 AGS 的沉降性能有一定影响所致。随着 MSDDF 比例的增加，第 24~55 天内各反应柱中 AGS 的 SVI 整体呈下降趋势：SVI 在前 5 天内迅速下降至 50.0mL/g 左右，随后除小幅波动外，缓慢下降。56 天以后 SVI 变化趋于平稳，并始终保持在 48.0mL/g 以下。相比于接种污泥，驯化成功的颗粒污泥的 SVI 减小了约一半，这表明在连续流中 AGS 亦可维持良好的沉降性能。

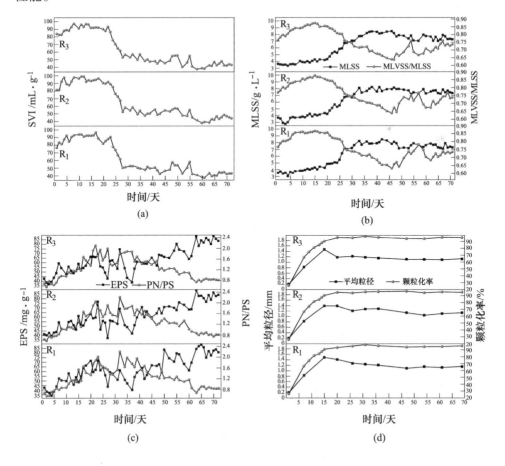

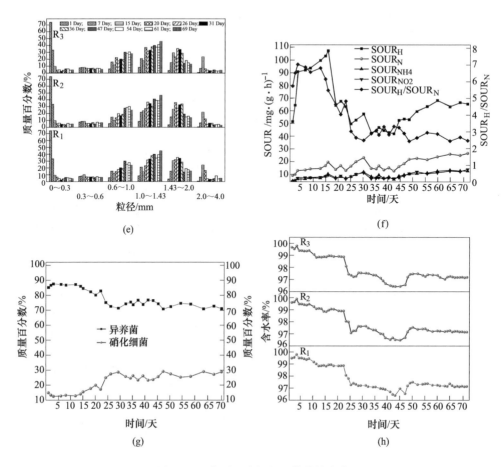

图 7-6　运行过程中污泥理化特性变化

（a）SVI；（b）MLSS 及 MLVSS/MLSS；（c）EPS 及 PN/PS；

（d）平均粒径及粒径化率；（e）粒径分布；（f）SOUR 及 $SOUR_H/SOUR_N$；

（g）异养菌及硝化细菌比例；（h）污泥含水率

7.6.2　MLSS 及 MLVSS

前 48 天各反应柱内 MLSS 整体呈上升趋势：前 34 天内上升趋势明显，由 3.5g/L 左右上升至 8.0g/L 左右，随后在波动中缓慢上升（图 7-6（b））。MLSS 在 49 天以后略有下降，但一直保持在 7.0~8.0g/L 之间。前 16 天内 MLVSS/MLSS 整体呈明显上升趋势，表明颗粒化过程中污泥的活性成分增加显著。随后的 21 天内 MLVSS/MLSS 整体呈下降趋势，并在第 47 天时达到最小值 0.63，这表明 AGS 中无机成分的比例在增加。48 天后 MLVSS/MLSS 处于波动状态，这可能与不同批次的 MSDDF 的水质差异有关。虽然运行过程中 OLR 在逐渐减小，但各反应柱中仍维持着较高的生物量，造成这种现象的原因包括：（1）虽然 OLR 在逐渐减小，但 NLR 却整体呈增大趋势，硝化细菌的富集弥补了异养菌的减少损失的生物量；（2）相比于模拟污水，MSDDF 中含有大量金属离子，它们通过吸附、离子交换、化学沉淀等作用沉积在 AGS 内[9]，亦贡献了一部分污泥量；（3）随着污泥沉降性能的改善，绝大多数污泥被截留在反应柱内，系统几乎没有污泥排放，从而保证了系统内较高的污泥量；（4）根据批次试验结果（运行条件：单柱、HRT3h、挡板插深 8cm、SGV1.25cm/s），反应器对颗粒污泥的保留效率为 97.57%，表明绝大多数的 AGS 可截留在反应器内，因而可维持较高的生物量。

7.6.3 EPS 及 PN/PS

前 23 天 EPS 整体呈上升趋势（图 7-6（c）），由 40.0mg/g MLVSS 上升至 60.0mg/g MLVSS 以上，这主要是较高的选择压下微生物通过分泌大量 EPS 促进细胞之间的凝聚以抵抗外界不利冲击[10]。EPS 在 24～37 天内剧烈波动、并有一定的下降，最小时不足 40.0mg/g MLVSS，主要是随着进水中 MSDDF 比例的增加，其复杂的水质对 AGS 的稳定性有一定的冲击影响。随着 AGS 逐渐适应 MSDDF 的水质，虽然 EPS 亦有波动、但此后整体呈上升趋势，63 天以后基本保持在 80.0mg/g MLVSS 以上。相比于接种污泥，驯化成功的颗粒污泥的 EPS 增加了约一倍，这表明通过富集自养硝化细菌可分泌更多的 EPS。PN/PS 在前 23 天内呈明显的上升趋势，由最初的 0.60 增大至 2.10 左右，这表明 PN 在 AGS 的形成过程中及驯化初期起了重要作用。从第 24 天开始 PN/PS 在波动中整体呈下降趋势，61 天后重新减小至 1.0 以下。64 天以后 PN/PS 的变化趋于平缓，基本保持在 0.80～0.90 之间，这表明随着驯化的进行，PS 对 AGS 的稳定性维持起了更重要的作用。另外，试验结果表明 PN 与 PS 含量与基质组成及内部菌群分布有关。

7.6.4 粒径分布及平均粒径

前 15 天内各反应柱内污泥的平均粒径呈明显上升趋势（图 7-6（d）），由 0.20mm 上升至 1.40mm 以上，这主要是微生物在高水力选择压下自凝聚后的结果[11]。随后平均粒径缓慢下降并逐渐趋于稳定，47 天以后基本维持在 1.10mm 左右，分析原因包括：（1）OLR 的减小导致了前期 AGS 粒径的减小；（2）硝化细菌的富集导致污泥总的比生长速率的减小，使得颗粒更容易达到颗粒化与解体的平衡[12]，因而平均粒径逐渐趋于稳定。前 15 天内反应器中絮状污泥的比例显著减小，由 74.0% 减小至 10.0% 以下，而颗粒污泥的比例则不断上升。此后，絮状污泥的比例趋于稳定，并始终维持在 6% 以下。然而，不同大小的颗粒污泥的粒径变化则大不相同（图 7-6（e））：0.30~0.60mm 范围内的颗粒粒径变化较小（保持在 5.0%~7.0% 之间）；0.6~1.0mm 及 1.0~1.43mm 范围内颗粒整体呈上升趋势；1.43~2.0mm 及 2.0~4.0mm 范围内颗粒整体呈先增大后减小的趋势。前 26 天内 1.43mm 以上大颗粒比例的增大一方面是颗粒化过程中形成了一些大颗粒，另一方面是颗粒团的出现亦增加了大颗粒的比例。然而，随着 OLR 逐渐减小及 NLR 逐渐增大，许多大颗粒逐渐转化为较小的颗粒。最终，粒径在 1.0~1.43mm 范围内颗粒成为优势区间（质量分数在 44.0% 以上），表明本试验的运行环境有利于中等粒径的颗粒生存。

7.6.5 SOUR

$SOUR_H$ 在前 15 天内显著上升（图 7-6（f）），并在 15 天时达到最大的 107.29mg/(g·h)，这表明 AGS 形成过程中异养菌的活性显著增加。此后，随着 MSDDF 的加入，$SOUR_H$ 在 16~41 天内整体呈显著下降趋势，并在 41 天时达到最小值 41.86mg/(g·h)，这主要是 MSDDF 的高氨氮、低 C/N 的特性有利于自养菌的富集，而对 AGS 中异养菌的活性有一定的抑制作用，另外，OLR 的减小亦导致了 $SOUR_H$ 的减小。随后的 9 天内 $SOUR_H$ 呈缓慢上升趋势，54 天以后基本稳定在 65.0mg/(g·h) 左右，这可能是随着污泥龄的增加，一些慢速生长的异养菌亦有一定的增长。虽然 $SOUR_N$、$SOUR_{NO_2}$ 及 $SOUR_{NH_4}$ 略有波动，但它们整体呈缓慢上升趋势。前 3 天内 $SOUR_H/SOUR_N$ 显著上升，随后整体呈下降趋势，这也印证了各反应柱中硝化细菌逐渐得到富集，但 30 天以后下降趋势变得缓慢。研究表明[13,14]，$SOUR_H$ 及 $SOUR_N$ 在 SOUR 中所占的比例可定性表征异养菌及自养菌在污泥中所占的比例。随着 MSDDF 的加入，前 25 天内 AGS 中自养菌的比例整体呈增大趋势（图 7-4（g）），而异养菌的比例整体呈减小趋势。26 天以后二者比例略有起伏，但逐渐趋于稳定，这也解释了为什么驯化期内颗粒粒径呈先减小后趋于稳定的趋势。因此，MSDDF 的高氨氮及低 C/N 比的特性为硝化细菌的富集提供了必要的生物选择压，而硝化细菌比例的提高导致 AGS 中污泥总的比生长速率逐渐减小[7]，使得 AGS 更容易达到解体与颗粒化的动态平衡。

7.6.6 污泥含水率

污泥的含水率在前 45 天内整体呈下降趋势（图 7-6（h）），由接种污泥的 99.0% 以上减小至 97.0% 以下，表明 AGS 中固体成分的含量在不断增加，这主要与微生物分泌的 EPS、颗粒内积累了一些无机盐沉淀[9,15]等有关。随后的 5 天内，AGS 的含水率出现小幅上升。52 天以后含水率的变化趋于平缓，基本维持在 97.20%~97.40% 之间，这表明 HRT 的增大对污泥的含水率有一定负面影响。分析原因主要是传质推动力的减小会促进亲水性的微生物大量生长造成。然而，驯化成功的颗粒污泥的含水率要明显低于接种污泥及活性污泥的含水率，这表明连续流下 AGS 亦可维持较低的含水率。

7.7 污染物的去除效果

7.7.1 COD 及 TP 去除效果

各反应柱的出水 COD 整体呈下降趋势（图 7-7（a）），一级出水下降最为明显，由 200.0mg/L 左右减小至 40.0mg/L 左右，二级出水次之，三级出水变化较小。正常情况下，系统的出水 COD 可保持在 100mg/L 以下，对应的去除率保持在 80% 以上（图 7-7（d））。然而，每当进水水质改变时，出水 COD 会有所升高，这表明 MSDDF 对反应器的有机物去除效果有一定的冲击。但经过几天的适应后，出水 COD 又会逐渐降低。通过控制第一根反应柱的曝气时长，前 31 天内

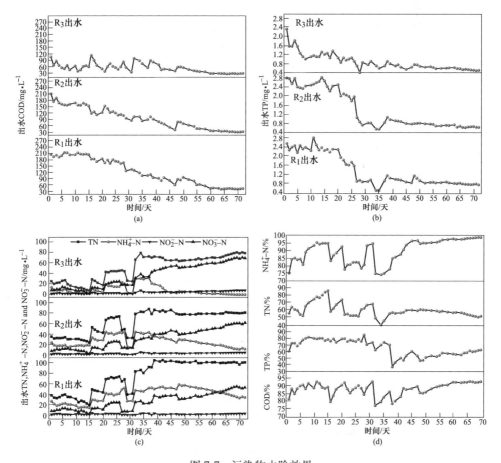

图 7-7 污染物去除效果

（a）出水 COD；（b）出水 TP；（c）出水四态氮；（d）COD、TP、TN 及氨氮去除率

不同反应柱之间存在着一定的 COD 浓度差，如第 11 天时，监测到第一反应柱与第三反应柱之间的 COD 浓度差达到最大的 174mg/L，这可在一定程度上有效抑制丝状菌的过度生长。随着曝气时间的延长及 OLR 的减小，三个反应柱之间的 COD 浓度梯度逐渐减少。60 天后系统出水 COD 趋于稳定，基本稳定在 30mg/L 左右，对应的去除率保持在 92% 以上。

随着进水 TP 的逐渐减小，各反应柱中出水 TP 整体呈下降趋势（图 7-7（b））：一级、二级、三级出水均由 2.0mg/L 以上减小至 1.0mg/L 以下。系统出水 TP 在前 25 天内基本维持在 1.0mg/L 以上，对应的去除率基本保持在 73.0% 以上（图 7-7（d））。随后，系统出水 TP 保持在 1.0mg/L 以下，但去除率逐渐下降。第 38 天时 TP 去除率达到最低 37.16%，这主要是第 37 天时更换为 D 配方的 MSDDF、导致 AGS 出现短暂的不适应所致。随后，TP 去除率整体呈升高趋势，66 天后系统出水 TP 趋于稳定，基本维持在 0.50~0.60mg/L 之间，对应的去除率稳定在 60% 左右。驯化前期系统拥有较高的 TP 去除率，原因包括：（1）试验前期设置的厌氧/好氧期有利于聚磷菌的生长代谢，因而 TP 去除率较高；（2）运行前期较大的排泥量也贡献了一部分 TP 的去除。然而，随着 N/C 比的增大及曝气时间的延长，AGS 中自养菌逐渐富集，而异养菌中的聚磷菌的比例逐渐减小，从而导致了 TP 去除效率的下降。

7.7.2　TN 和氨氮去除效果

前 15 天内各反应柱中出水 TN 及氨氮整体呈下降趋势（图 7-7（c）），二者的去除率整体亦呈升高趋势（图 7-5（d），TN：53%~86%，氨氮：75%~96%），硝态氮整体呈先升高、后下降的趋势，而亚硝态氮则始终处于较低水平（3.50mg/L 以下）。这表明随着 AGS 的形成，系统的同步硝化反硝化能力在增强。16 天后随着实际废水的加入，各反应柱中出水 TN 及硝态氮整体呈上升趋势，随着硝态氮积累量的逐渐增大，TN 的去除率逐渐下降，最终下降至 50% 左右。出水氨氮在第 16~28 天内整体呈上升趋势，去除率波动较大、但整体呈下降趋势，这表明 MSDDF 的加入对硝化细菌的活性有一定冲击。随着 AGS 逐渐适应 MSDDF 水质，各反应柱的出水氨氮在 29 天以后整体呈下降趋势，去除率不断升高。65 天以后，氨氮的去除率达到 99.0% 以上、进水中的氨氮几乎全部被降解掉。相比之下，出水亚硝态氮虽略有升高，但一直维持在较低水平（始终不超过 9.0mg/L）。结合 SOUR 数据可知，通过逐步提高进水中 MSDDF 的比例，反应器中硝化细菌的比例不断增加，使得氨氮大量转化为硝态氮。然而，由于未控制曝气及缺乏反硝化所需的碳源，导致反应器中硝态氮的积累量逐渐增加（最大时达到 71.0mg/L），并逐渐成为了 TN 的主要贡献者。虽然 AGS 内部的微环境为同步硝化反硝化的进行提供了必要条件[16]，但在未投加外部碳源、高氨氮及低 C/

N 比环境下这种能力是有限的[17]，因而导致了 TN 去除效率的下降。研究表明，AGSBR 中周期性的贫富营养期有利于 AGS 的形成及稳定性的维持[18]，而连续流中较低的传质推动力被认为极易造成丝状菌过度生长而导致 AGS 的失稳[19]。随着进水 COD 浓度的降低，39 天以后各反应柱中 COD 均在 100mg/L 以下，表明系统始终处于贫营养期内。但本研究结果不仅表明 AGS 能在三柱型 CAGSR 中表现出比 AGSBR 中更加优异的特性，亦证明通过在连续流中富集慢速生长的自养菌可有效维持 AGS 的稳定性。

7.8　典型周期试验结果

通过在第一反应柱（R_1）内设置 80min 厌氧段，R_1 内 COD、TN、氨氮及 TP 整体呈上升趋势（图 7-8（a），（b）），而硝态氮及亚硝态氮则呈下降趋势，推测它们在厌氧状态下与进水中 COD 发生了反硝化反应。由于第一反应柱中没有曝气，该反应柱中污染物逐渐积累，进水中污染物的降解主要是在第二及第三反应柱中完成。COD、TN、氨氮及 TP 在第二反应柱中迅速下降：氨氮及 TP 在 80min 内的去除率均在 50% 以上，而 COD 在 45min 后即降至 100mg/L 以下。第二反应柱作为上一循环中的第一反应柱，开始曝气后其主要污染物浓度均要高于第一反应柱厌氧进水 80min 后的污染物浓度。这是因为在没有搅拌的情况下，由于密度差及传质限制，进水污染物大部分沉集在第一反应柱的中下部，当开始曝气时这些污染物会上升并剧烈混合，导致其浓度会迅速升高，因而第二反应柱 5min 时污染物的浓度要高于第一反应柱 80min 时的浓度。由于第三反应柱内接收的是较低浓度的废水，COD、TN、氨氮及 TP 的下降幅度较小、并逐渐趋于稳定。与 AGSBR 中理想的推流环境相比，CAGSR 通过控制曝气及交替进水在不同反应柱之间及反应柱内均可创造出较大的浓度差，如 R_2 中 5min 时 COD 达到最大的 508.18mg/L，但 80min 后减小至 32.39mg/L（图 7-8（a）），系统内部存在着明显的污染物浓度差，这不仅可为生化反应提供较大的传质推动力，亦可有效抑制丝状菌的生长[19]。

随着厌氧时间缩短至 40min（图 7-8（c）），第一反应柱中 COD、TN、氨氮及 TP 呈先增大后减小的趋势，而亚硝态氮及硝态氮则先减小后增大。由于曝气时间的延长，第一反应柱承担了大部分 COD、TP 及一部分 TN、氨氮的降解。第二反应柱中 COD 及氨氮略有波动，但整体呈下降趋势；硝态氮及亚硝态氮整体呈升高趋势，但只有硝态氮出现明显的积累（25.29~50.59mg/L），由此导致了 TN 的升高。第三反应柱中 COD 及 TP 变化平缓，二者始终维持在 82.0mg/L 及 0.65mg/L 以下；氨氮略有波动，但整体呈下降趋势，硝态氮及亚硝态氮则持续升高，导致了出水 TN 亦呈增大趋势。虽然第二反应柱及第三反应柱内 TP 略有波动，但始终维持在 0.70mg/L 以下。

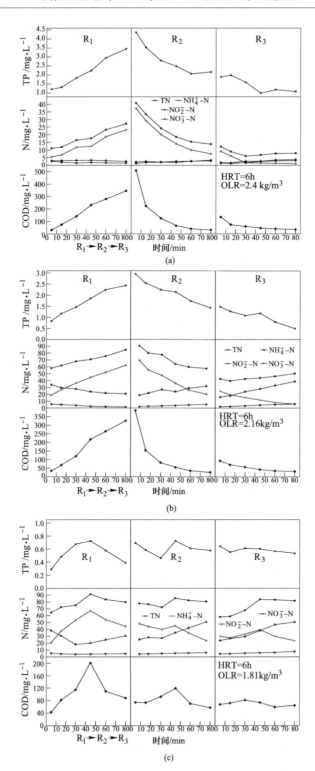

(a)

(b)

(c)

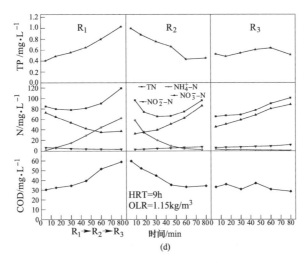

图 7-8 1/3 个典型周期内污染物降解情况

(a) 15 天, 厌氧 80min; (b) 26 天, 厌氧 80min; (c) 35 天, 厌氧 40min; (d) 68 天, 全程曝气

当厌氧时长减小至 0min 后, 第一反应柱中 COD、TN、氨氮及 TP 整体呈上升趋势, 而硝态氮则呈下降趋势 (图 7-8 (d))。COD、氨氮及 TP 在第二反应柱中整体呈下降趋势, 由于硝态氮浓度不断升高, 导致 TN 先下降后升高。COD、氨氮及 TP 在第三反应柱中变化平缓, 而硝态氮及 TN 则继续升高。由于未控制曝气量的大小及缺乏反硝化的碳源 (各反应柱中 COD 均在 100mg/L 以下), 反应器中缺乏反硝化进行所需的碳源, 造成硝态氮出现较大积累并贡献了大部分的 TN。随着 HRT 及曝气时间的延长, 各反应柱之间已几乎不存在 COD 浓度差, 但随着进水氨氮浓度的增大, 各反应柱之间及单根反应柱内存在着明显的 TN、氨氮及硝态氮浓度差, 如 R_2 中 5min 时氨氮浓度为 57.87mg/L, 但 80min 后减小至 1.45mg/L。相比于 AGSBR 的批次进水, 三柱型 CAGSR 具有一定的缓冲、稀释能力, 可大大减小氨氮浓度升高对微生物的冲击。毕竟, AGSBR 中已有高氨氮及低 C/N 比废水 (氨氮及 C/N 比分别为 200mg/L 及 2.5) 培养 AGS 失败的教训[20]。结合 SOUR 数据, 有理由推测这种周而复始的推流环境有利于硝化细菌的快速富集。而试验结果也表明, 在连续流中通过富集硝化细菌可有效维持 AGS 的稳定性。

7.9 CAGSR 的污泥截留效果

7.9.1 截留效果评价

CAGSR 的三相分离器的作用, 是有选择的截留大部分 AGS, 而将沉降性能差的絮状污泥排出。系统地评价三相分离器的性能包括三个方面：一是对颗粒污泥的截留效果，二是排泥量（以出水 MLSS 计），三是排出污泥的粒径分布。然而，CAGSR 的污泥截留效果与运行条件密不可分。由于挡板插深及 HRT 是反应器最重要的，也是最容易控制的运行参数，因此，它们被选为污泥截留效果的主要影响因子。

7.9.2 挡板插入深度对污泥截留效果的影响

随着挡板插入深度的增大，保留效率呈先减小后增大趋势（图 7-9（a）），而出水污泥浓度呈先增大后减小趋势（图 7-9（b）），且均在挡板插入深度为 4cm 时出现极值。在不插挡板时，反应器对污泥的保留效率分别为 92.1%、90.8% 及 94.7%，表明斜管+沉淀池的设计具有较好的污泥截留效果。在挡板插深为 4cm 时，反应器对 AGS 的保留效率分别为 83.9%、79.6% 及 85.4%，对 AGS 的截留效果最差。这是由于挡板在插深为 4cm 时，进入沉淀池后的 AGS 绕过挡板后的运动轨迹刚好针对出水口，使得大量污泥随出水水流排出。此后，随着插入深度增加，保留效果逐渐增大。当挡板在插深超过 8cm 时，反应器对污泥的保留效率维持在 95% 以上。

出水污泥浓度在挡板插深为 4cm 时达到最大值（图 7-9（b）），分别为 887mg/L、649mg/L 及 716mg/L，该结果与挡板插深为 4cm 时保留效率最小相一致。此后，随着挡板插深的增大，出水污泥浓度逐渐减小，均在挡板插深为 10cm 时达到最小值，这表明通过控制挡板插入深度可以实现对 AGS 的有效截留。

不同挡板插入深度下 CAGSR 对不同粒径的 AGS 截留效果各部相同（图 7-9（c）~（e）），总体上对 0.3mm 的颗粒污泥截留效果最差，0.3~0.6mm 的次之。当挡板插入深度 ≥6cm 时，出水中各粒径污泥的比例均呈减小趋势，且 0.6mm 以上的 AGS 比例要明显小于 0.6mm 以下污泥，且 1.43mm 以上的 AGS 基本可以完全截留。

7.9.3 HRT 对污泥截留效果的影响

不同 HRT 下 CAGSR 对污泥的保留效率相差不大（图 7-9（a）），除挡板插入深度为 4cm 外，其他条件下保留效率均在 90% 以上。HRT 为 1h 时出水污泥浓度明显高于 HRT 为 2h 及 3h 时的出水污泥浓度（图 7-9（b））。不同 HRT 下出水中不同粒径 AGS 分布相似，表明 HRT 对 AGS 无明显选择性筛分效果。HRT 影响着反应器的表面水力负荷，HRT 越小表面水力负荷越大，对应的水力选择压越大，同等情况下对污泥的排量越多，因而 HRT 在 1h 时出水中污泥浓度最大。

综上所述，CAGSR 的"斜管+挡板沉淀池"设计可实现对污泥的选择性截留。为有效截留反应器的 AGS，挡板插入深度应控制在 8cm 以上。

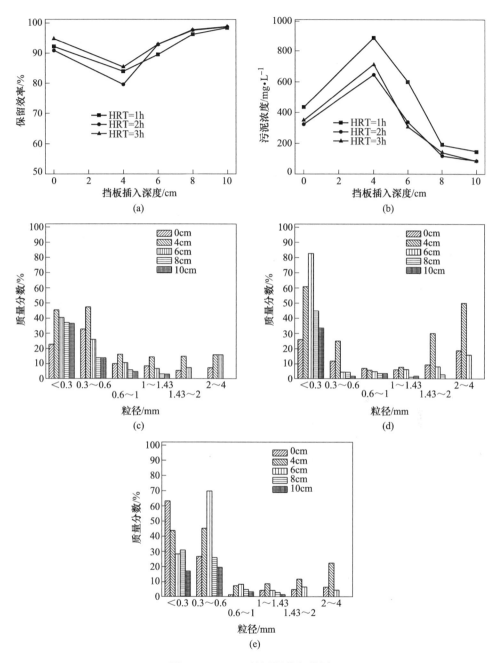

图 7-9　CAGSR 的污泥截留效果

（a）保留效率；（b）出水污泥浓度；（c）HRT=1h 时出水污泥粒径分布；

（d）HRT=2h 时出水污泥粒径分布；（e）HRT=3h 时出水污泥粒径分布

参 考 文 献

[1] Zheng T L, Li P Y, Wu W J, et al. State of the art on granular sludge by using bibliometric analysis [J]. Applied Microbiology & Biotechnology, 2018, 102: 3453-3473.

[2] 闻香兰, 但昭和. 好氧颗粒污泥的连续化研究进展 [J]. 化工进展, 2015, 34 (11): 4059-4064.

[3] Qin L, Tay J H, Liu Y. Selection pressure is a driving force of aerobic granulation in sequencing batch reactors [J]. Process Biochemistry, 2004, 39 (5): 579-584.

[4] 龙焙, 程媛媛, 朱易春, 等. 好氧颗粒污泥的快速培养研究进展 [J]. 中国给水排水, 2018, 34 (2): 31-36.

[5] Long B, Yang C Z, Pu W H, et al. Tolerance to organic loading rate by aerobic granular sludge in a cyclic aerobic granular reator [J]. Bioresource Technology, 2015, 182: 314-322.

[6] 董晶晶, 吴迪, 马柯, 等. 好氧颗粒污泥工艺强化脱氮研究进展 [J]. 应用与环境生物学报, 2018, 24 (1): 177-186.

[7] Liu Y, Yang S F, Tay J H. Improved stability of aerobic granules by selecting slow-growing nitrifying bacteria [J]. Journal of Biotechnology, 2004, 108 (2): 161-169.

[8] 龙焙, 濮文虹, 杨昌柱, 等. 失稳好氧颗粒污泥在 SBR 中的修复研究 [J]. 中国给水排水, 2015, 31 (7): 29-33, 38.

[9] Lee D J, Chen Y Y. Magnesium carbonate precipitate strengthened aerobic granules [J]. Bioresource Technology, 2015, 183: 136-140.

[10] Guo F, Zhang S H, Yu X, et al. Variations of both bacterial community and extracellular polymers: The inducements of increase of cell hydrophobicity from biofloc to aerobic granule sludge [J]. Bioresource Technology, 2011, 102 (11): 6421-6428.

[11] Liu Y, Wang Z W, Qin L, et al. Selection pressure-driven aerobic granulation in a sequencing batch reactor [J]. Applied Microbiology and Biotechnology, 2005, 67 (1): 26-32.

[12] 李志华, 郭强, 吴杰, 等. 自养菌污泥致密过程及其污水处理特性研究 [J]. 环境科学, 2010, 31 (3): 738-742.

[13] Moreau M, Liu Y, Capdeville B, et al. Kinetic behaviors of heterotrophic and autotrophic biofilm in wastewater treatment processes [J]. Water Science and Technology, 1994, 29 (10): 385-391.

[14] Ochoa J C, Colprim J, Palacios B, et al. Active heterotrophic and autotrophic biomass distribution between fixed and suspended systems in a hybrid biological reactor [J]. Water science and technology, 2002, 46: 397-404.

[15] Wang Z W, Liu Y, Liu Y. Mechanism of calcium accumulation in acetate-fed aerobic granule [J]. Applied Microbiology and Biotechnology, 2007, 74 (2): 467-473.

[16] Xia J T, Ye L, Ren H Q, et al. Microbial community structure and function in aerobic granular sludge [J]. Applied Microbiology and Biotechnology, 2018, 102: 3967-3979.

[17] Zhang L N, Long B, Cheng Y Y, et al. Rapid cultivation and stability of autotrophic nitrifying granular sludge [J]. Water Science and Technology, 2020, 81 (2): 309-320.

［18］黄渊博，张德跃，牛春功．基质匮乏对好氧污泥颗粒化的影响研究［J］．中国给水排水，2010，26（15）：98-100，104.

［19］Liu Y，Liu Q S. Causes and control of filamentous growth in aerobic granular sludge sequencing batch reactors［J］. biotechnology advances，2006，24（1）：115-127.

［20］Wang X H，Zhang H M，Yang F L，et al. Improved stability and performance of aerobic granules under stepwise increased selection pressure［J］. Enzyme and Microbial Technology，2007，41（3）：205-211.

8 AGS 处理溶剂回收残液的效果及稳定性

乙酸乙酯，又名醋酸乙酯，具有优良的溶解性能，是一种应用广泛的工业溶剂。随着我国医药产业及化学工业的迅速发展，乙酸乙酯的消费量不断增长，导致工业生产中产生了大量的废溶剂。因此，这些废溶剂回收并加以循环利用逐渐被重视。然而，目前的技术尚不能达到百分之百完全回收，特别是乙酸乙酯与水等的共沸物沸点（70℃）较低的多相体系回收率则更低，导致部分溶剂进入水中后产生了新的环境问题——溶剂回收残液（SRR，solvent recovery raffinate）污染。通常，此类废水有机物浓度高、水量不大，且成分较单一、C：N：P 比例不协调，尚缺乏经济、高效的处理、处置方法。为推动技术的发展，已出现了少量以实际废水为处理对象的中试 AGS 反应器[1~8]。然而，它们的处理对象通常采用较低的 C/N 比，针对处理高 C/N 比实际废水的研究还极少。因此，本试验在中试 SBR 中考察 AGS 对高 C/N 比 SRR 的处理效果，及该废水对 AGS 稳定性的影响，为 AGS 技术的实际应用提供技术支持。

8.1 实验装置

中试反应器（结构同图 5-1）总高度 2m（材质为有机玻璃），有效高度 1.75m、内径 27.70cm（H/D 为 6.3），有效容积 105.46L，反应器的换水率为 60%。SRR 及模拟污水分别从两座高位水箱自流进入反应器，而自来水则直接从供水管网引入。SGV 控制在 1.25cm/s 左右。运行周期为 6h，其中进水 4min，厌氧 90min（不搅拌），曝气 260min，沉淀 2min，出水 4min。

8.2 接种污泥

反应器直接接种实验室前期培养成熟的 AGS 进行启动，起始 MLSS 控制在 9000mg/L 左右。该接种颗粒污泥形状不规则，颜色为淡黄色，平均粒径为 2.33mm，SVI 及 SV_{30}/SV_5 分别为 37.3mL/g 及 0.95，MLVSS/MLSS 为 0.65，EPS 及 PN/PS 分别为 30.90mg/g 及 1.50。

8.3 污水水质

实际进水为模拟污水、乙酸乙酯 SRR 和自来水的混合污水，驯化过程中模拟污水的比例（质量分数，以 COD 贡献值计）逐步降至零，而 SRR 的进料体积则逐渐增大。该 SRR 来源于无锡某化工企业的乙酸乙酯溶剂回收车间，残液中主要有机物为乙酸乙酯，及少量乙酸乙酯解体后生成的乙酸和乙醇。模拟污水和实际废水水质指标见表 8-1。考虑到 SRR 的高 COD，为保证系统正常运行，34 天以后加入约 5 倍体积的自来水对进水进行稀释。由于 SRR 中不含磷，当其进水比例增至 100% 时投加一定量的固体 KH_2PO_4，使进水中 TP 维持在 10.0mg/L。驯化过程中的实际进水水质见表 8-2。

表 8-1　模拟污水配方及 SRR 水质

污水种类	水质指标[①]	数值	微量元素[②]	浓度/g·L^{-1}
模拟污水	pH	7.0~7.2	H_3BO_3	0.05
	CH_3COONa/mg·L^{-1}	2441.7	$CoCl_2 \cdot 6H_2O$	0.05
	NH_4Cl/mg·L^{-1}	424.64	$CuCl_2$	0.03
	KH_2PO_4/mg·L^{-1}	73.12	$MnSO_4$	0.05
	$CaCl_2$/mg·L^{-1}	150.0	$AlCl_3$	0.05
	$FeSO_4 \cdot 7H_2O$/mg·L^{-1}	30.0	$ZnCl_2$	0.05
	$MgSO_4$/mg·L^{-1}	33.75	$NiCl_2$	0.05
	电导率/mS·cm^{-1}	12.37	$Na_2Mo_7O_{24} \cdot 2H_2O$	0.05
SRR	pH	5.8~6.4		
	COD/mg·L^{-1}	9729.45±1729.45		
	BOD_5/mg·L^{-1}	2675.60±340.53		
	BOD/COD	0.24~0.31		
	TN/mg·L^{-1}	337.31±136.25		
	氨氮/mg·L^{-1}	335.70±135.70		
	TFe/mg·L^{-1}	38.45		
	TP/mg·L^{-1}	0		
	电导率/mS·cm^{-1}	2.39		

① 对应的 COD，NH_4^+-N 及 TP 浓度分别为 1666.67mg/L，111.12mg/L 及 16.67mg/L。

② 微量元素的投加量为 1mL 每 1L 模拟污水。

表 8-2 反应器运行参数

时间/天	进水体积/L			C : N : P	OLR /kg COD · (m³ · d)⁻¹
	SRR	模拟污水	自来水		
1~4	0	63.30	0	100 : 6.67 : 1	4.0
5~12	1.08	60.05	0	111.11 : 6.99 : 1	4.0
13~18	3.25	57.88	0	142.82 : 8.53 : 1	4.0
19~23	5.42	55.71	0	200.08 : 11.31 : 1	4.0
24~33	7.59	62.22	0	227.38 : 11.40 : 1	4.0
34~48	10.84	0	52.46	249.88 : 8.66 : 1	4.0

8.4 分析测试方法

样品采集及分析测试方法见第 2.3 及第 5.3 节所述。$SOUR_H$、$SOUR_{NH_4}$ 和 $SOUR_{NO_2}$ 分别表示异养细菌和氨氧化菌（AOB）和亚硝酸盐氧化菌（NOB）的生物活性，三者之和为 SOUR 值。具体操作方法如下。

（1）取曝气末端适量（100mL）硝化颗粒污泥，在 3500r/min 离心 5min，将上清液倒掉，然后用去离子水清晰，再离心、清洗，重复 2~3 次后导入内置搅拌装置的 BOD 测定瓶。

（2）将已充氧至饱和的底物溶液倒入 BOD 瓶，塞上装有溶解氧测定仪的胶皮塞。

（3）开启电磁搅拌器，待稳定后开始读数，记录溶解氧值，每 60min 记一次。

（4）待 DO 示数基本没有变化或者降至 1mg/L 时停止测定，根据反应器中 $MLSS_1(g/L)$ 及取样体积，及 BOD 瓶容积计算瓶内污泥浓度 $MLSS_2(g/L)$。根据 $MLSS_2$、测定时间 t 和 DO 变化率求得污泥的 SOUR：

$$SOUR = \frac{DO_0 - DO_t}{t \times MLSS}$$

式中 DO_0——起始溶解氧值，mg/L；

　　　 DO_t——测定结束后的溶解氧值，mg/L；

　　　 t——测定时间，h。

8.5 污泥形态变化

接种污泥呈淡黄色，轮廓清晰、形状呈不规则棒状、椭球体或圆球状，并可观察到大量相互黏附的颗粒团（图 8-1），这主要是在高选择压下微生物疏水性增强及分泌大量 EPS 后导致颗粒之间相互黏附造成[9]。随着第 5 天开始 SRR 的

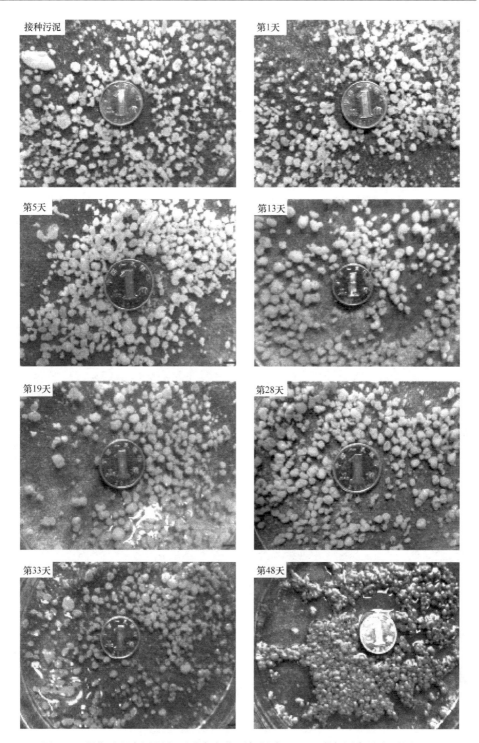

接种污泥　第1天　第5天　第13天　第19天　第28天　第33天　第48天

图 8-1　驯化过程中污泥宏观形态变化（标尺为 5mm，彩色图参见文后图 14）

逐渐加入，成团的颗粒逐渐减少，而 AGS 的颜色逐渐变深。第 13 天时 AGS 的颜色变为黄色。第 19 天时反应器内开始出现带裂痕的大颗粒，第 28 天时可观察到许多破裂成两半的扁平颗粒，这说明粒径较大的颗粒并不稳定、极易破碎。此后这些扁平颗粒的比例不断增多，但并未观察到它们继续解体。34 天以后 AGS 呈明显的褐色，此后颗粒形态并无明显变化。驯化成功的 AGS 外表光滑、结构更加致密，但形状不规则。

通过 SEM 对驯化出的 AGS 的微观结构进行分析（图 8-2）。从中可以发现颗粒内拥有丰富的生物相，包括杆菌、球菌、丝状真菌和原生动物（钟虫）。钟虫的出现表明 AGS 系统处于较好的状态。丝状真菌主要栖息在颗粒的外表面，而惰性物质下则是紧密结合的大量杆菌和球菌。这种独特的结构大大提高了微生物抵抗外部毒物影响的能力[10]。

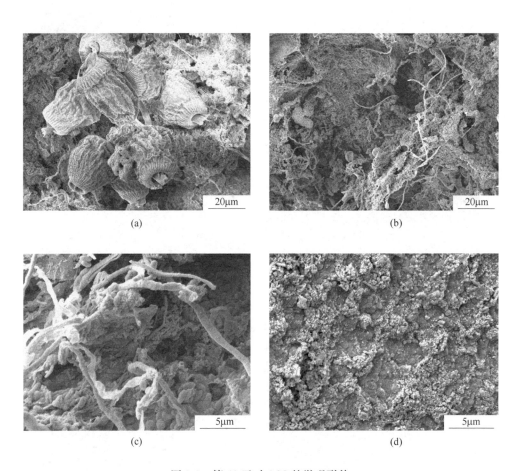

(a)　　　　　　　　　　　　　(b)

(c)　　　　　　　　　　　　　(d)

图 8-2　第 48 天时 AGS 的微观形貌

8.6 污泥的理化特性

8.6.1 污泥沉降性能

驯化过程中 AGS 的 SVI 始终保持在 48.0mL/g 以下，其变化比较平缓（图 8-3 (a)）。前 37 天内 SVI 略有波动（31.0~48.0mL/g 之间），38 天以后 SVI 趋于稳定，并维持在 40.0mL/g 左右。AGS 的 SV_{30}/SV_5 比值保持在 0.90 以上，前 21 天内 SV_{30}/SV_5 比值略有波动（0.92~0.99），22 天以后 SV_{30}/SV_5 比值趋于稳定，基本维持在 0.96~0.99 之间。

接种 AGS 的沉降速度是 49.76m/h，而驯化出的 AGS 的沉降速度是 61.45m/h（46 天）。反应器内 AGS 以自由沉淀为主，驯化过程中并未观察到明显的成层沉淀。因此，由 SVI、SV_{30}/SV_5 和沉降速度可知，相比于 AGS，驯化成功的 AGS 拥有更好的沉降性能。

8.6.2 MLSS 及 MLVSS

运行过程中 MLSS 呈波动状态，处在 8404.0~13320.0mg/L 之间（图 8-3 (b)）。MLSS 在 19 天以后维持在 10000.0mg/L 以上，表明反应器内可维持较高的污泥量。前 33 天内 MLVSS/MLSS 整体呈下降趋势，并在第 33 天时达到最小值 0.50。随后 3 天内 MLVSS/MLSS 略有升高，第 36 天逐渐趋于稳定，最终稳定在 0.51~0.52 之间。结果表明驯化成功的 AGS 中无机成分较高，这主要与进水中较高的金属离子浓度有关，导致颗粒内沉积了大量无机盐造成[1,11,12]。

8.6.3 胞外聚合物（EPS）及 PN/PS

前 37 天内 EPS 整体呈上升趋势，并在第 37 天时达到最大值 52.0mg/g（图 8-3 (c)）。EPS 在 16~38 天内波动较大（29.23~52.00mg/g），42 天以后 EPS 逐渐趋于稳定，并保持在 38.73~43.88mg/g MLVSS 之间。运行过程中 PN/PS 始终保持在 1.0 以上。前 40 天内 PN/PS 处于小幅波动状态（1.05~1.47），42 天以后 PN/PS 趋于稳定（1.14~1.18），这与 EPS 的变化趋势一致。驯化前期（前 37 天）微生物分泌大量 EPS 以抵抗 SRR 冲击，随着微生物逐渐适应实际废水水质，额外的营养物质被用于细胞增殖，因而导致后期 EPS 的下降。由于 PN 贡献了大部分的 EPS，并且始终大于 PS 含量，因此 PN 对于 AGS 稳定性的维持起了更重要的作用。

8.6.4 污泥含水率

虽然污泥含水率略有波动，但前 31 天内整体呈上升趋势（图 8-3 (d)）。32 天以后污泥含水率逐渐趋于稳定，并维持在 98.0% 左右。结果表明驯化出的 AGS 的含水率明显低于活性污泥的含水率（通常在 99.2%~99.8% 之间），但驯化出的 AGS 的含水率要高于接种 AGS，推测这主要与基质种类的改变有关。

8.6.5 粒径分布及平均粒径

絮状污泥的比例始终保持在 4% 以下，但不同粒径范围内的颗粒污泥的变化则截然不同（图 8-3（e））：0.3~0.6mm 范围内的颗粒污泥的质量百分比变化较

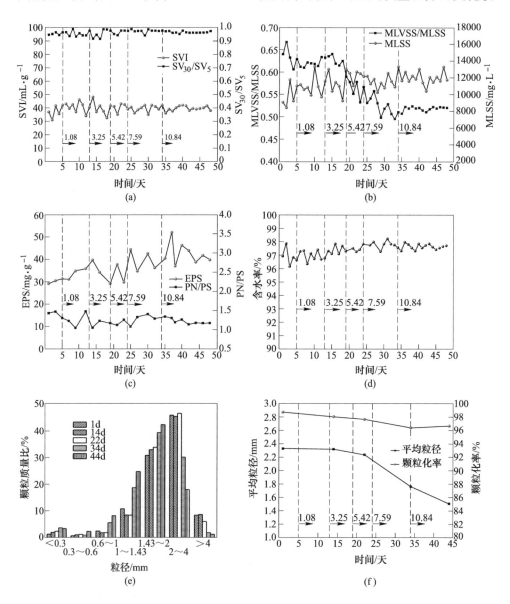

图 8-3 驯化过程中污泥理化特性变化（图中箭头上数字为实际废水的进料量）

（a）SVI 及 SV_{30}/SV_5 变化情况；（b）MLSS 及 MLVSS 变化；（c）EPS 及 PN/PS；

（d）污泥含水率；（e）粒径分布；（f）平均粒径及颗粒化率

小，并始终维持在较低水平（保持在2.28%以下）；0.6~2.0mm范围内的颗粒污泥的比例整体呈上升趋势，而2.0~4.0mm范围内颗粒污泥则呈减小趋势。前22天内2.0~4.0mm范围内颗粒污泥比例最大（45.0%左右），为优势区间。然而，1.43~2.0mm范围内颗粒污泥的比例持续增大（30.78%~42.34%），34天后成为新的优势区间，这表明该粒径范围的颗粒在反应器内可较好的维持其稳定性。以上试验数据与所观察到的结果一致，即较大的颗粒污泥并不稳定，在高水力剪切力下最终解体为粒径较小的颗粒，导致了2.0~4.0mm范围颗粒比例的减小。驯化过程中AGS的平均粒径持续减小（2.33~1.51mm，图7-3（f）），这主要是较大颗粒逐渐破碎成较小颗粒造成，但颗粒的沉降性能变得更好、结构趋于致密。颗粒化率整体呈减小趋势，但下降幅度不大，并始终保持在96.0%以上，这也印证了大颗粒的破碎、但并未发生明显的解体现象。因此，试验数据表明驯化过程中AGS较好地维持了自身的结构。

8.6.6 SOUR

接种AGS的$SOUR_H/SOUR_N$为3.98，$SOUR_H$、$SOUR_N$、$SOUR_{NH_4}$和$SOUR_{NO_2}$分别为106.59、26.81、15.23及11.58mg/（g·h）。而48天时驯化出的AGS的$SOUR_H/SOUR_N$为5.29，$SOUR_H$、$SOUR_N$、$SOUR_{NH4}$和$SOUR_{NO2}$分别为47.40、8.96、4.75和4.21mg/（g·h）。这表明驯化过程中异养菌及自养菌的活性均出现显著下降。原因包括：（1）驯化过程中MLVSS/MLSS逐渐降低，这意味着驯化出的AGS中活性成分的含量较低，导致了生物活性一定程度的降低；（2）基质组成的变化导致颗粒内生物种群的改变，亦对生物活性有重要影响；（3）良好的沉降性能使得反应器的排泥量较少，因此，驯化过程中较长的泥龄导致污泥出现老化，亦导致了SOUR的降低。研究表明，微生物群落中活性生物量与SOUR呈正比[13,14]。由此计算出接种AGS中异养菌所占的比例为79.9%，而48天驯化成功的AGS中异养菌比例升至84.10%。因此，随着进水碳氮质量比的升高，AGS中异养菌的比例有所增大、而硝化细菌的比例逐渐减小，但二者的变化幅度不大。研究[15]表明：随着碳氮质量比的降低，硝化细菌逐渐得到富集、污泥总的比生长速率逐渐减小，AGS趋于致密和稳定；而高碳氮质量比下AGS粒径增长较快，容易导致强度下降及解体。有趣的是，本试验中异养菌及硝化细菌的比例并未随着碳氮质量比的升高而发生明显变化，且平均粒径逐渐减小，颗粒趋于致密和稳定，这表明污泥总的比生长速率随着碳氮质量比的增大在减小。推测原因是通过采用厌氧/好氧运行模式，随着碳氮质量比的增大，一些慢速生长的异养菌、如聚糖菌等逐渐得到富集，导致污泥总的比生长速率逐渐减小，从而较好的保持了颗粒的稳定性。

8.7 反应器对污染物的去除效果

8.7.1 COD 及 TP 去除效果

AGS 对 SRR 具有较好的去除效果（图 8-4（a）），虽然出水 COD 处于波动状态，但去除率在 95.08% 以上、出水 COD 始终保持在 82.08mg/L 以下，这主要是乙酸乙酯作为易降解的小分子物质容易被微生物代谢掉所致。前 3 天内出水 TP 呈升高趋势，并在第 3 天时达到最大值 2.13mg/L（图 8-4（b））。随后出水 TP 虽略有波动，但整体呈下降趋势。随着微生物逐渐适应 SRR 的水质，第 27 天开始出水 TP 保持在 0.28mg/L 以下，并逐渐趋于稳定。

8.7.2 脱氮效果

前 35 天内出水 TIN 及氨氮有所波动，但整体呈下降趋势（图 8-4（c））：前 13 天内出水 TIN 及氨氮波动较大，但下降趋势最为明显，随后的 11 天内 TIN 及氨氮略有升高，这表明进水中 SRR 体积的增加对 AGS 的硝化及反硝化性能有一定的冲击；随着碳氮质量比的增大及 AGS 逐渐适应 SRR 的水质，25~35 天内 TIN 及氨氮整体呈下降趋势。出水氨氮及 TIN 在第 35 天以后逐渐趋于稳定：TIN 基本维持在 2.0mg/L 以下，而氨氮始终不超过 1.80mg/L，二者的去除率分别保持在 95.98% 及 97.46% 以上。出水亚硝态氮始终维持在 1.08mg/L 以下，38 天以后几乎低于检出限。出水硝态氮在 23~29 天内较高（1.08~4.46mg/L），而其他时间里不超过 0.92mg/L，32 天以后出水硝态氮维持在 0.17~0.32mg/L 之间，并逐渐趋于稳定。尽管驯化过程中 C/N 比由 15∶1 逐渐增大至 29∶1，但并未观察到 AGS 出现明显解体现象，这表明 AGS 具有可应用于高碳氮质量比化工废水处理的潜力。

8.7.3 出水 SS

前 19 天内出水 SS 整体呈升高趋势，并在第 19 天时达到最大值 410mg/L（图 8-4（d）），这主要是一些出现不适的颗粒解体造成的。出水 SS 在 20~41 天内波动较大（103~347mg/L）。42 天以后出水 SS 维持在 95~113mg/L 之间，并趋于稳定。随着 SRR 进料量的增加，前 41 天内不时会有一些大颗粒破碎现象，导致出水 SS 升高。但随着微生物逐渐适应 SRR 水质，出水 SS 最终趋于稳定。

8.7.4 典型周期污染物降解趋势

典型周期内 COD、TIN、氨氮以及 TP 的变化趋势大致相似：厌氧期内由于没有搅拌，它们变化较小，但它们曝气后则迅速下降（图 8-5（a））。COD 在

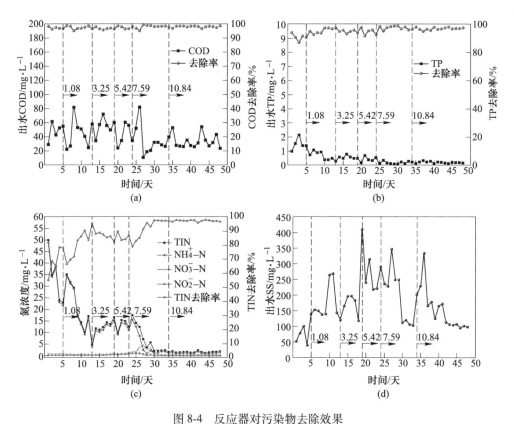

图 8-4　反应器对污染物去除效果

（a）出水 COD 及去除率；（b）出水 TP 及去除率；（c）出水各态氮及 TIN 去除率；（d）出水 SS

150min 后几乎消耗殆尽，随后始终保持在 84.33mg/L 以下，反应器随之进入好氧饥饿期。300min 后 TP 趋于稳定，此后始终小于 0.22mg/L。虽然 TIN 和氨氮一直在减小，但 240min 以后下降速度逐渐变缓。亚硝态氮和硝态氮在好氧期内先增加后减少，而硝态氮浓度始终高于亚硝态氮。180min 时，硝态氮达到最大的 1.37mg/L，但在周期末又下降至 0.26mg/L。由于试验中没有投加外部碳源，因此，TIN 的去除只能归因于同步硝化反硝化作用。

　　厌氧期间内 DO 持续减小，90min 时达到最小值 0.36mg/L（图 8-5（b）），开始曝气后 DO 则迅速上升。DO 在 100~280min 内处于波动状态（6.0~9.11mg/L），这主要归因于微生物的有氧代谢和变化的曝气量双重作用所致。因为有机物的代谢过程中会消耗大量的氧气，特别是曝气刚开始时的高 COD 浓度环境下，然而，曝气量周期性的变化容易导致供氧不均匀。因此，两方面因素最终导致这段时间内 DO 的波动。随着污染物的大量降解，290min 后 DO 趋于稳定，随后始终保持在 9.0mg/L 以上。ORP 是评价混合液氧化还原能力的综合指标。刚开始时反应

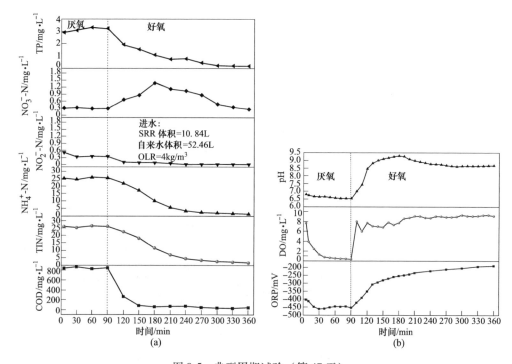

图 8-5　典型周期试验（第 47 天）

（a）COD、TIN、氨氮及 TP 降解规律；（b）ORP、DO 及 pH 值变化

器内的混合液表现出较强的还原性。随后 ORP 略有下降，它主要是厌氧期间乙酸乙酯的水解造成的。好氧期内 ORP 持续升高，从最初的 -453mV 增大至周期末的 -191mV。但 130min 后 ORP 的上升速度逐渐趋缓，这主要是前期 COD 在短时间内迅速降解，而后续氨氮、TP 等的降解速度较慢所致。虽然周期末时 DO 接近饱和，但 ORP 仍远小于零，这主要归因于该 SRR 在生产过程中引入大量还原性离子所致。

厌氧期内 pH 值变化平缓（6.54~6.80）。但好氧期内 pH 值迅速升高，180min 时达到最大的 9.30。90~180min 内 pH 值整体呈增大趋势，而随后的180~260min 整体呈减小趋势。270min 以后 pH 值趋于稳定，并保持在 8.60~8.70 之间。试验结果表明，混合液的 pH 值从酸性转变成了碱性。分析原因包括：

（1）乙酸被微生物降解导致 pH 值的增加；

（2）随着 COD 的消耗，二氧化碳的生成量逐渐减少，而同时大量二氧化碳被压缩空气吹脱出反应器；

（3）反硝化作用会贡献一部分碱度，而高 C/N 比削弱了硝化反应的进行，以致只产生了较少的酸度，亦导致了 pH 值的升高。

参 考 文 献

[1] Morales N, Figueroa M, Fra-Vázquez A, et al. Operation of an aerobic granular pilot scale SBR plant to treat swine slurry [J]. Process Biochemistry, 2013, 48 (8): 1216-1221.

[2] Liu Y Q, Moy B, Hong Y H, et al. Formation, physical characteristics and microbial community structure of aerobic granules in a pilot-scale sequencing batch reactor for real wastewater treatment [J]. Enzyme and Microbial Technology, 2010, (6): 520-525.

[3] Liu Y Q, Kong Y H, Tay J H, et al. Enhancement of start-up of pilot-scale granular SBR fed with real wastewater [J]. Separation and Purification Technology, 2011, 82: 190-196.

[4] Su B, Cui X, Zhu J. Optimal cultivation and characteristics of aerobic granules with typical domestic sewage in an alternating anaerobic/aerobic sequencing batch reactor [J]. Bioresource Technology, 2012, 110: 125-129.

[5] Ni B J, Xie W M, Liu S G, et al. Granulation Of Activated Sludge In A Pilot-Scale Sequencing Batch Reactor For The Treatment of Low-Strength Municipal Wastewater [J]. Water Research, 2009, 43 (3): 751-761.

[6] 李志华, 付进芳, 李胜, 等. 好氧颗粒污泥处理综合城市污水的中试研究 [J]. 中国给水排水, 2011, 27 (15): 4-8.

[7] Wei D, Qiao Z, Zhang Y, et al. Effect of COD/N ratio on cultivation of aerobic granular sludge in a pilot-scale sequencing batch reactor [J]. Applied Microbiology and Biotechnology, 2013, 97 (4): 1745-1753.

[8] 杨淑芳, 张健君, 邹高龙, 等. 实际污水培养好氧颗粒污泥及其特性研究 [J]. 环境科学, 2014, 35 (5): 1850-1856.

[9] Guo F, Zhang S H, Yu X, et al. Variations of both bacterial community and extracellular polymers: The inducements of increase of cell hydrophobicity from biofloc to aerobic granule sludge [J]. Bioresource Technology, 2011, 102 (11): 6421-6428.

[10] Zhu L, Dai X, Xu X, et al. Microbial community analysis for aerobic granular sludge reactor treating high-level 4-chloroaniline wastewater [J]. International Journal of Environmental Science and Technology, 2014, 11 (7): 1845-1854.

[11] Wang Z W, Liu Y, Liu Y. Mechanism of calcium accumulation in acetate-fed aerobic granule [J]. Applied Microbiology and Biotechnology, 2007, 74 (2): 467-473.

[12] Othman I, Anuar A N, Ujang Z, et al. Livestock wastewater treatment using aerobic granular sludge [J]. Bioresource Technology, 2013, 133 (2): 630-634.

[13] Moreau M, Liu Y, Capdeville B, et al. Kinetic behaviors of heterotrophic and autotrophic biofilm in wastewater treatment processes [J]. Water science and technology, 1994, 29 (10): 385-391.

[14] Ochoa J C, Colprim J, Palacios B, et al. Active heterotrophic and autotrophic biomass distri-

bution between fixed and suspended systems in a hybrid biological reactor [J]. Water science and technology, 2002, 46: 397-404.

[15] Liu Y, Yang S F, Tay J H. Improved stability of aerobic granules by selecting slow-growing nitrifying bacteria [J]. Journal of Biotechnology, 2004, 108 (2): 161-169.

9 AGS 处理苯甲酸苄酯
废水效果及稳定性

目前，AGS 技术的一大窘境是反应器规模的两极分化问题非常突出：一方面是绝大多数的研究尚处在小试水平[1,2]，且处理对象以模拟污水为主；另一方面是屈指可数的中试[3~9] 及实际工程[10~12]，而有限的工程运行资料表明在放大的反应器中始终共存着相当比例的絮状污泥[10]。这表明 AGS 脆弱的稳定性仍是限制其工程应用的最大瓶颈。另外，国内外 AGS 技术工程化应用多以市政污水为处理对象[13]，而针对复杂多变的化工废水的无害化治理研究还较少见。由于社会及经济水平的差异，我国市政污水的水质及污染负荷要大大低于国外。因此，国外先进水平所取得的研究成果能否运用于我国现状尚需考证。相比之下，选择中、小水量的化工废水为处理对象似乎更加适合我国 AGS 技术发展的实际情况，一是可以更好发挥 AGS 的自身优势，二是这类研究的实施无论在投资及风险上都处在可控范围内。因此，本研究以某化工企业生产废水为主要处理对象，探索 AGS 处理该类废水的可行性。为降低试验风险，采用实验室经常采用的逐步提高进水中实际废水比例的驯化策略，研究驯化过程中 AGS 稳定性维持，为后续反应器的放大提供数据支持。

9.1 实验装置

柱状 SBR 的有效水深为 1.75m，内径 D 为 8.40cm（H/D 为 20.8），有效体积 9.70L，换水体积比为 68%。反应器运行周期为 6h，其中进水 2min、曝气 355min、沉淀 1min 及排水 2min。污水由高位水箱在重力作用下流入，压缩空气由空压机提供，经微孔曝气器扩散后从底部进入反应器，SGV 控制在 1.2cm/s 左右。装置位于半封闭室内（西侧为铁栅栏），运行温度为室温。

9.2 接种污泥

反应器启动时直接接种成熟的 AGS。该 AGS 呈淡黄色、形状不规则，SVI 为 22.80mL/g，MLVSS/MLSS 为 0.47，SV_{30}/SV_5 为 0.99，平均粒径及颗粒化率分别为 2.92mm 及 97.6%。

9.3 进水水质

实际进水为在模拟污水（具体配方参见表 2-2）中添加一定比例的苯甲酸苄

酯废水的综合废水，驯化过程中逐步提高实际废水的质量比例（0~100%，以 COD 贡献值计）、直至模拟污水比例为零。苯甲酸苄酯（分子式：C6H5COOCH2C6H5，分子量：212.25，结构式： ）废水取自湖北宜昌市某化工厂，主要成分为苯甲酸苄酯、少量苯甲醛及无机盐，水质指标见表 9-1。由于实际废水中基本不含有 N、P，故进水中 N、P 几乎全部依赖外部投加，试验中根据污泥状况调整 C、N、P 比例，实际进水水质见 9-2。样品采集及分析测试方法参见第 2.3 节所述。

表 9-1　苯甲酸苄酯废水水质

序号	指标	浓度	序号	指标	浓度
1	pH	7.03±0.24	5	氨氮	2.1±0.32mg/L
2	硝态氮	0.40±0.08mg/L	6	电导率	1.84±0.15mS/cm
3	COD	960±52mg/L	7	TP	0.40±0.10mg/L
4	亚硝态氮	0.21±0.06mg/L	8	ORP	-196±23mV

表 9-2　各阶段进水水质

运行天数 /天	实际废水 /%	模拟废水 /%	COD /mg·L⁻¹	氨氮 /mg·L⁻¹	TP /mg·L⁻¹	容积负荷 /kg COD·(m³·d)⁻¹	COD：N：P
1~5	0	100	1000	66.70	10	4	100：6.7：1
6~10	10	90	996	64.83	9.96	3.98	100：6.5：1
11~16	20	80	992	62.96	9.92	3.97	100：6.3：1
17~22	40	60	984	43.20	9.84	3.94	100：4.4：1
23~28	60	40	976	44.80	9.76	3.90	100：4.6：1
29~34	80	20	968	46.40	9.68	3.87	100：4.8：1
35~44	100	0	960	48.00	9.60	3.84	100：5：1

9.4　AGS 的形态变化

接种 AGS 轮廓较清晰、表面光滑（第 1 天），可明显观察到许多粒径在 2mm 以上的大颗粒，且一些大颗粒已破碎或内部已形成暗黑色的厌氧核（图 9-1）。随着实际废水比例的增加，可以观察到前 28 天内大颗粒的比例不断增加。驯化过程中始终伴随着大颗粒的破碎现象，特别是 28 天以后这一趋势更加明显、导致大颗粒的比例有所减少，但破碎产生的不规则颗粒依然具有良好的沉降性能。随着大量破碎产生的絮体随出水被排出，反应器内形成了完整颗粒、破碎不规则颗粒及一些新生颗粒的混杂体。利用 SEM 对驯化成功的 AGS 的微观形貌进行分析（图9-2）。观察发现 AGS 表面凹凸不平，大量杆菌被包裹在生物惰性物质中，亦可观察到少量丝状菌附着在颗粒表面。

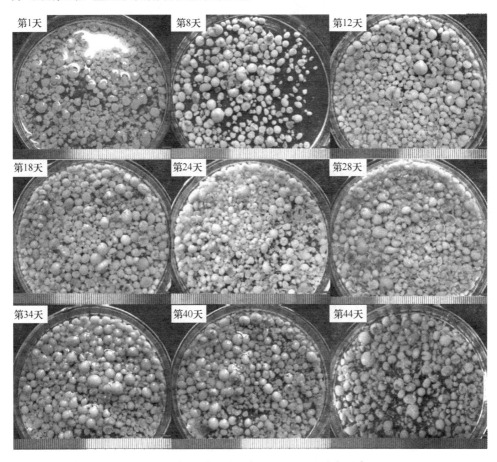

图 9-1　驯化过程中污泥形态变化（标尺为 5mm，彩色图参见文后图 15）

从观察到的污泥形态变化可知，AGS 的稳定性维持是一个好氧颗粒化与解体的动态平衡过程，表现为随着 AGS 粒径的增大，一些大颗粒破碎成小颗粒及絮体，絮体在高水力选择压下会逐渐被排出反应器、而破碎生成的不规则小颗粒又会重新颗粒化，随着其粒径的增加又会重复这一破碎—重新颗粒化过程。造成本驯化过程中明显的颗粒破碎过程，一方面是已被研究证明的粒径较大的 AGS 容易失稳而破碎[14,15]，二是实际废水的加入对 AGS 的稳定性亦有一定的冲击。然而，得益于 AGS 的独特分层结构[16,17]，其较高的耐毒性可较好地抵御外界不利冲击、保护内部微生物免受毒害影响，这为该技术在实际工程中的应用创造了有利条件。

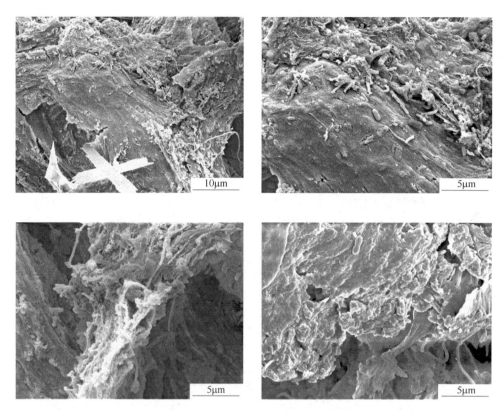

图 9-2　AGS 的微观形貌（第 44 天）

9.5　污泥理化特性变化

9.5.1　污泥沉降性能

污泥的 SVI 在前 39 天内整体呈缓慢上升趋势（图 9-3（a）），由接种 AGS 的 20mL/g 上升至 37 天时的最大值 37.11mL/g，分析原因主要是大颗粒破碎成小颗粒及絮状污泥导致污泥蓬松所致。随着 AGS 逐渐适应实际废水水质，40 天以后 SVI 基本稳定在 35mL/g 左右。AGS 的 SV_{30}/SV_5 在前 19 天内非常稳定，几乎趋于 1。此后 SV_{30}/SV_5 有所波动，但始终保持在 0.92 以上。研究[18]表明：成熟 AGS 的 SV_{30} 与 SV_5 的偏差小于 10%。因此，以上数据表明实际废水比例的增加虽导致 AGS 的沉降性能有所波动，但 AGS 始终保持着良好的沉降性能。

9.5.2　MLSS 及 MLVSS

MLSS 在前 9 天内整体呈上升趋势（图 9-3b），并在第 9 天时达到最大值 17197mg/L，上升原因主要是本驯化过程中进水 COD 浓度要远高于接种前浓度

（接种 AGS 反应器进水 COD 浓度为 600mg/L）所致。由于部分 AGS 破碎后产生的大量絮体被排出反应器，此后，MLSS 整体呈下降趋势，但 37 天以后基本保持在 6000~7000mg/L 之间。得益于 AGS 的良好沉降性能，本反应器中的截留生物量远高于传统活性污泥法。

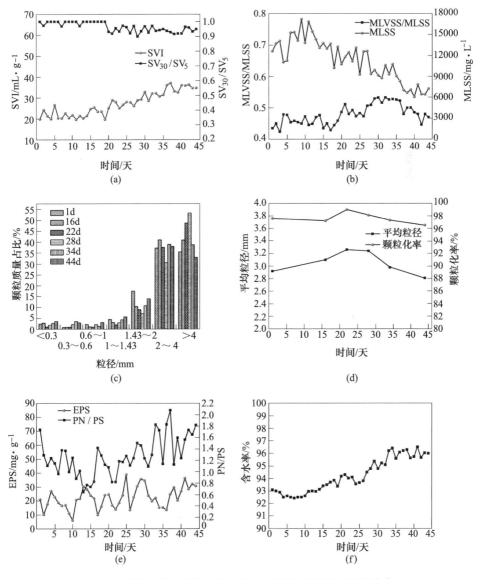

图 9-3 驯化过程中 SVI&SV$_{30}$/SV$_5$、MLSS&MLVSS、粒径分布、

平均粒径 & 颗粒化率、EPS&PN/PS 及污泥含水率变化

（a）SVI&SV$_{30}$/SV$_5$；（b）MLSS&MLVSS；（c）粒径分布；（d）平均粒径 & 颗粒化率；

（e）EPS&PN/PS；（f）污泥含水率变化

MLVSS/MLSS 在前 32 天内整体呈上升趋势，由第 3 天的最小值 0.42 增大至 32 天时的最大值 0.53。此后，MLVSS/MLSS 整体呈小幅下降趋势，37 天后保持在 0.5 以下。由数据可知，本试验驯化出的 AGS 无机成分要明显高于传统活性污泥，推测是随着 AGS 粒径的增大、其内部积累了大量无机惰性成分所致[19,20]。

9.5.3 粒径分布和平均粒径

驯化过程中污泥的粒径分布如图 9-3（c）所示。从中可知，粒径在 1.43mm 以下及 2~4mm 范围内颗粒污泥的质量比较稳定，表明这些粒径范围内的 AGS 可较好地维持其稳定性。其中，0.3~1.43mm 区间的变化量在 4% 以内，而 2~4mm 区间的变化量不超过 11%。相比之下，前 28 天内 1.43~2mm 区间的比例呈明显下降趋势（17.41%~7.04%），而大于 4mm 区间则呈明显上升趋势（35.44%~53.36%），这与观察到的这段时间内大颗粒的比例明显增加相符。此后，1.43~2mm 区间的 AGS 比例呈明显上升趋势，而大于 4mm 区间则呈明显下降趋势，这表明后期大颗粒的破碎及新颗粒的生长占主导。

平均粒径在前 28 天内整体呈上升趋势（图 9-3（d）），这主要是大于 4mm 的 AGS 比例显著增加所致。随后，由于大颗粒大量破碎，平均粒径逐渐减小。颗粒化率虽有所波动（96.5%~99%），但始终保持较高水平，这表明驯化过程中反应器内的 AGS 始终占绝对优势。

9.5.4 EPS 及 PN/PS

驯化过程中 EPS 含量处于波动状态（5.92~38.83mg/g），基本在每次提高实际废水比例的时候，EPS 含量会有一个先下降后上升的过程（图 9-3（e））。研究[21]表明：EPS 对 AGS 的形成及稳定性维持有重要影响。当 AGS 的颗粒结构受到不利冲击时，一些颗粒会解体导致 EPS 含量的下降，但微生物逐渐适应外部环境后又会增加 EPS 的分泌量以维持其颗粒状结构。

PN/PS 在前 13 天内整体呈下降趋势，并在第 13 天时达到最小值 0.64，表明这段时间内 PS 对 AGS 的稳定性维持起积极作用。此后，PN/PS 整体呈上升趋势，并在第 37 天时达到最大值 2.08，表明期间 PN 含量的增加对 AGS 的稳定性维持贡献更大。试验结果与 PN 及 PS 对好氧颗粒化的影响尚存争议[22,23]一致。

9.5.5 污泥含水率

污泥含水率在前 32 天内整体呈上升趋势（图 9-3（f）），推测这主要与进水水质的改变及大颗粒破碎产生的絮体有关。此后，污泥含水率逐渐趋稳、基本稳定在 96% 左右。数据表明驯化出的 AGS 含水率要明显低于普通活性污泥，这意味着实际应用中可大大减少污泥处理及处置费用。

9.6 反应器去污效果

9.6.1 反应器对 COD 去除效果

伴随着每次实际废水比例的增加，出水 COD 会有个突然上升的过程（图 8-4（a）），表明 AGS 对水质突然的短暂不适应。随着 AGS 逐渐适应实际废水水质，出水 COD 整体呈下降趋势，30 天以后出水 COD 保持在 100mg/L 以下，去除率保持在 90% 以上，表明驯化出的 AGS 对苯甲酸苄酯废水具有较强的去除能力。

9.6.2 反应器对 TP 的去除效果

出水 TP 在前 29 天内整体呈上升趋势（图 9-4（b）），并在第 29 天时达到最大值 3.68mg/L；对应的 TP 去除率整体呈下降趋势，并在第 29 天时达到最小值 61.98%。此后，出水 TP 整体呈下降趋势，并在第 41 天时达到最小值 0.03mg/L；而对应的 TP 去除率整体呈上升趋势，并在第 41 天时达到最大值 99.69%。出水 TP 的波动一是受水质变化的影响，二是跟反应器的排泥量有关：驯化前期大颗粒并未出现大面积破碎，因而排泥量较小，而后期大颗粒破碎产生大量絮体被排出反应器，导致排泥量增大，进水中的 TP 一部分随生物体排出反应器造成 TP 去除率的上升。

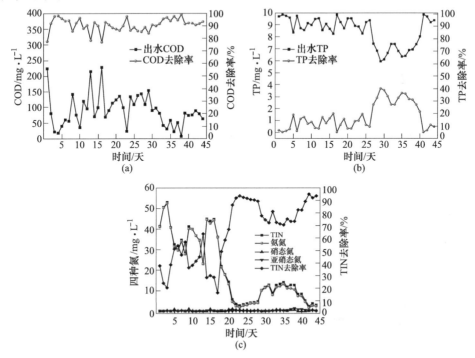

图 9-4　反应器对污染物去除效果

（a）COD 及其去除率；（b）TP 及其去除率；（c）四态氮及 TIN 去除率

9.6.3　反应器脱氮效果

出水 TIN 及氨氮保持了较好的同步性，虽然二者波动较大，但整体呈下降趋势（图9-4（c）），而硝态氮及亚硝态氮始终保持在较低水平（一般不超过 1mg/L）、并未出现明显积累。对应的 TIN 的去除率亦波动较大：前 16 天内 TIN 去除率剧烈波动；17～23 天内 TIN 呈明显上升趋势，22 天时去除率上升至 90% 以上；随后的 12 天内 TIN 去除率一度下降至 70%，36 天以后又整体呈上升趋势，42 天以后恢复至 90% 以上。数据表明 TIN 的去除以同化作用为主，这主要是进水中较高的 COD 浓度及逐渐升高的碳氮质量比导致异养菌在生长竞争中占优所致[19]。TIN 去除率的波动由两方面原因造成：一是水质的波动对微生物活性的冲击；二是驯化过程中 AGS 始终处于颗粒化与解体的亚稳定状态，不能为微生物的生长创造一个稳定的环境所致。

综上所述，驯化过程中反应器对主要污染物的去除效果亦有波动，但随着 AGS 逐渐适应实际废水水质，反应器对 COD、TIN 及 TP 的去除率最终均上升至 90% 以上，表现出较强的污染物去除能力。试验结果表明 AGS 良好的沉降性能及高耐毒性能实现对苯甲酸苄酯废水的无害化治理。

参 考 文 献

［1］ Zheng T, Li P, Wu W, et al. State of the art on granular sludge by using bibliometric analysis ［J］. Applied Microbiology and Biotechnology, 2018, 102: 3453-3473.

［2］ Winkler M K H, Meunier C, Henriet O, et al. An integrative review of granular sludge for the biological removal of nutrients and recalcitrant organic matter from wastewater ［J］. Chemical Engineering Journal, 2018, 336: 489-502.

［3］ Ni B J, Xie W M, Liu S G, et al. Granulation of activated sludge in a pilot-scale sequencing batch reactor for the treatment of low-strength municipal wastewater ［J］. Water Research, 2009, 43: 751-761.

［4］ 涂响, 苏本生, 孔云华, 等. 城市污水培养好氧颗粒污泥的中试研究 ［J］. 环境科学, 2010, 31（9）: 2118-2123.

［5］ 季民, 李超, 张云霞, 等. 厌氧-好氧颗粒污泥 SBR 处理城市污水的中试研究 ［J］. 环境工程学报, 2010, 4（6）: 1276-1282.

［6］ 李志华, 付进芳, 李胜, 等. 好氧颗粒污泥处理综合城市污水的中试研究 ［J］. 中国给水排水, 2011, 27（15）: 4-8.

［7］ Wei D, Qiao Z, Zhang Y, et al. Effect of COD/N ratio on cultivation of aerobic granular sludge in a pilot-scale sequencing batch reactor ［J］. Applied Microbiology and Biotechnology, 2013, 97（4）: 1745-1753.

［8］ 丁立斌，马俊杰，李军，等．好氧颗粒污泥 SBR 中试运行效能评价［J］．中国给水排水，2014，30（21）：87-90.

［9］ 杨淑芳，张健君，邹高龙，等．实际污水培养好氧颗粒污泥及其特性研究［J］．环境科学，2014，35（5）：1850-1856.

［10］ Li J，Ding L B，Cai A，et al. Aerobic sludge granulation in a full-scale sequencing batch reactor［J］．Biomed Res Int，2014（5）：1-12.

［11］ Pronk M，Kreuk M K D，Bruin B D，et al. Full scale performance of the aerobic granular sludge process for sewage treatment［J］．Water Research，2015，84：207-217.

［12］ Świątczak P，Cydzik-Kwiatkowska A. Performance and microbial characteristics of biomass in a full-scale aerobic granular sludge wastewater treatment plant［J］．Environ Sci Pollut Res，2018，25（2）：1655-1669.

［13］ Mario Sepúlveda-Mardones，José Luis Campos，Albert Magrí，et al. Moving forward in the use of aerobic granular sludge for municipal wastewater treatment：an overview［J］．Reviews in Environmental Science and Biotechnology，2019，18（4）：741-769.

［14］ Verawaty M，Tait S，Pijuan M，et al. Breakage and growth towards a stable aerobic granule size during the treatment of wastewater［J］．Water Research，2013，47（14）：5338-5349.

［15］ Long B，Yang C Z，Pu W H，et al. Tolerance to organic loading rate by aerobic granular sludge in a cyclic aerobic granular reactor［J］．Bioresource Technology，2015，182：314-322.

［16］ Adav S S，Lin J C，Yang Z，et al. Stereological assessment of extracellular polymeric substances，exo-enzymes，and specific bacterial strains in bioaggregates using fluorescence experiments［J］．Biotechnology Advances，2010，28（2）：255-280.

［17］ Chen M Y，Lee D J，Tay J H. Distribution of extracellular polymeric substances in aerobic granules［J］．Applied Microbiology and Biotechnology，2007，73（6）：1463-1469.

［18］ Liu Y Q，Tay J H. Characteristics and stability of aerobic granules cultivated with different starvation time［J］．Applied Microbiology Biotechnology，2007，75（1）：205-210.

［19］ Wang Z W，Li Y，Liu Y. Mechanism of calcium accumulation in acetate-fed aerobic granule［J］．Applied Microbiology and Biotechnology，2007，74（2）：467-473.

［20］ Othman I，Anuar A N，Ujang Z，et al. Livestock wastewater treatment using aerobic granular sludge［J］．Bioresource Technology，2013，133（2）：630-634.

［21］ 闫立龙，刘玉，任源．胞外聚合物对好氧颗粒污泥影响的研究进展［J］．化工进展，2013，32（11）：2744-2756.

［22］ Liu Y Q，Liu Y，Tay J H. The effect of extracellular polymeric substances on the formation and stability of biogranules［J］．Applied Microbiology and Biotechnology，2004，65（2）：143-148.

［23］ McSwain B S，Irine R L，Hausner M，et al. Composition and distribution of extracellular polymeric substances in aerobic flocs and granular sludge［J］．Applied and Environmental Microbiology，2005，71（2）：1051-1057.

10 AGS 处理化粪池污水的
效果及其稳定性

研究[1]表明反应器内长期运行的 AGS 常会出现不稳定甚至解体现象，且目前仍未弄清 AGS 失稳的原因，相关稳定性维持措施亦十分匮乏，因此大大限制了 AGS 技术的应用及推广，导致绝大多数的研究仍处于小试，而中试乃至实际规模的 AGS 反应器仍屈指可数[2]。针对 AGS 稳定性不足这一缺陷，研究者们[1~3]提出了一些增强颗粒稳定性的措施，如：采用适宜的运行条件（容积负荷、F/M、溶解氧等）、在 AGS 内富集慢速生长微生物、抑制 AGS 内部厌氧菌生长及增强 AGS 内核强度、设置生物选择器等。然而，这些策略大多来自实验室中操控严格的 SBR，实际应用中是否可行仍需检验及不断完善。

目前，如何评价 AGS 的稳定性尚无统一量度标准，常用的方法是通过监测运行过程中众多 AGS 的理化特性及对污染物的去除效果来进行综合评价。在 AGS 的众多理化特性中，AGS 的粒径不仅影响颗粒的稳定性[4,5]、脱氮性能[6]，甚至内部微生物种群的分布[7]。在许多 AGS 数学模型[8,9]中亦经常会出现粒径作为重要影响因子被考虑在内。这表明粒径是 AGS 的微观结构与外部宏观特性的重要连接枢纽。通常，反应器中的 AGS 是由不同粒径的颗粒所组成，且颗粒粒径分布会随着运行条件而改变[10]。粒径偏小的 AGS 沉降性能不足，粒径过大的 AGS 容易因内核溶解而解体[11]。因此，有理由推测中等粒径的 AGS 更容易维持自身稳定性。但反应器内究竟维持何种粒径分布有利于 AGS 的稳定性维持尚无定论，通过提高稳定性最佳粒径 AGS 比例来实现反应器稳定性维持或许是个不错的选择。

为验证以上设想，首先采用选择压法在中试 SBR 中培养 AGS，待反应器成功实现好氧颗粒化后，通过超声破碎实验探索不同粒径 AGS 的结构稳定性，辅之不同粒径 AGS 的活性测试数据，确定稳定性最佳的 AGS 的粒径范围。在此基础上，通过对反应器内混合液进行定期筛分，将最佳粒径的 AGS 回流反应器、其他粒径的 AGS 则储存备用，以此逐步提高最佳粒径 AGS 所占比例。研究结果旨在探索粒径控制对于维持反应器稳定性的可行性，为 AGS 技术的工程化应用提供技术支持。

10.1 中试 SBR 及运行

中试 SBR 有效容积 120.5L（有效高度 180cm、内径 29.2cm），换水率 60%。

压缩空气由 3 台电磁式空气泵提供，经微孔曝气器分散后从底部进入反应器，SGV 在 1.25cm/s 左右，如图 10-1 所示。反应器运行周期为 6h（具体周期组成见表 10-1），每天 4 个周期。运行过程中根据污泥的沉降性能逐渐减少沉淀时间，并通过培养期间沉降后排出污泥的高度和人工排出污泥量控制污泥龄。

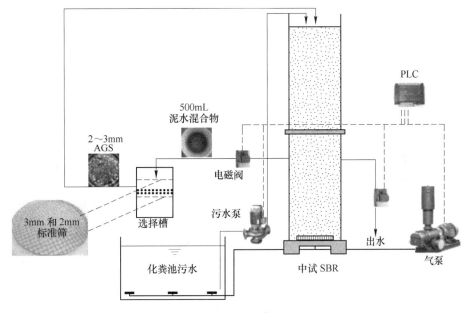

图 10-1 试验装置

表 10-1 反应器周期时间组成

时间 /天	运行周期 /h	进水 /min	厌氧反应 /min	好氧反应 /min	沉降 /min	排水 /min	水力停留时间 /min
1	24	10	0	1365	60	5	10
2~4	12	10	0	655	50	5	10
5	6	10	0	305	40	5	10
6~7	6	10	0	315	30	5	10
8~16	6	10	60	320	25	5	10
17	6	10	60	323	22	5	10
18	6	10	60	325	20	5	10
19	6	10	60	327	18	5	10
20	6	10	60	328	17	5	10
21	6	10	60	329	16	5	10
22~26	6	10	60	331	14	5	10

时间 /天	运行周期 /h	进水 /min	厌氧反应 /min	好氧反应 /min	沉降 /min	排水 /min	水力停留时间 /min
27	6	10	60	333	12	5	10
28~31	6	10	60	334	11	5	10
32~33	6	10	60	335	10	5	10
34	6	10	60	336	9	5	10
35	6	10	60	338	7	5	10
36~68	6	10	60	340	5	5	10
69~71	6	10	60	341	4	5	10
72~106	6	10	60	342	3	5	10
107~131	6	10	60	343	2	5	10

10.2　接种污泥及污水水质

接种校园人工湖的底泥启动中试 SBR，起始 MLSS 为 1000mg/L，MLVSS/MLSS 为 0.13。该底泥呈黑色，结构松散，其中夹杂着大量枯枝败叶。该污泥经曝气后释放出浓烈的土腥味。样品采集及分析测试方法见第 2.2、第 5.3 及第 7.4 节所述。

反应器进水为一办公楼化粪池污水，具体水质指标如下：pH 6.56~8.43，COD 534.96~810.32mg/L，TN 58.72~86.06mg/L，NH_4^+-N 48.96~73.92mg/L，TP 4.94~11.87mg/L，SS 124~186mg/L。平均 COD 容积负荷约为 2.69kg/($m^3 \cdot$ d)。

10.3　AGS 的结构稳定性测试

取反应器内曝气状态下的泥水混合液 100mL，经标准筛（0.3mm、0.6mm、1mm、1.43mm、2mm、3mm、4mm）筛分后收集不同粒径的 AGS，定容至 100mL 后置于超声波细胞粉碎机（JY88-ⅡN，宁波）内破碎，超声结束后测定混合液颗粒化率。超声粉碎机工作频率为 20~25kHz，最大功率为 250W。AGS 粉碎时间为 10min，超声波间隔时间为 1s。

10.4　反应器的启动

在培养及运行过程中，污泥的颜色和形状发生了明显变化如图 10-2 所示。污泥颜色变化依次为"黑色—灰褐色—褐色—黄色"。接种污泥呈明显的黑色，经曝气后污泥黑色逐渐褪去。第 14 天时污泥呈明显的褐色，第 24 天时大部分污泥转变为黄色。污泥形状经历了"细小沙粒—絮状污泥—菌胶团—AGS"的变化过程。前 2 天反应器内主要是细小泥沙。此后，随着活性污泥的形成，反应器内污泥量不断增大，第 8 天沉淀时絮状污泥占主导地位。通过逐步缩短沉降时间，第 9 天开始出现少量肉眼可见的小颗粒，此后 AGS 比例逐渐增加、絮状污泥的比例则不断减小，22 天时可观察到许多不规则的大颗粒，37 天时 AGS 已占据绝对优势。此后，在水力剪切力作用下颗粒形状逐渐趋于规则，63 天开始大部分 AGS 外表光泽，并呈规则的球状，SEM 图片（图 10-3）显示第 130 天成熟的 AGS 表面为不均匀并且有大量空洞状态，颗粒外层主要由生物惰性物质组成，大量微生物细胞相互黏附并包裹其中，如图 10-2 和图 10-3 所示。

图 10-2　污泥形态变化第 0、40、130 天（标尺为 5mm，彩色图参见文后图 16）

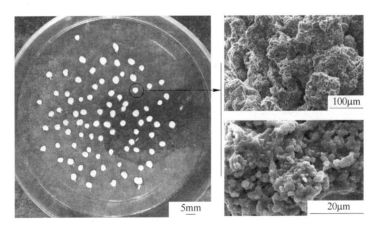

图 10-3　污泥形态变化第 130 天 SEM 图（标尺为 5mm，彩色图参见文后图 17）

10.5　污泥的理化特性

10.5.1　污泥沉降性能

　　前 5 天内静态沉淀时污泥沉降过程十分缓慢，几乎没有明显的泥水分界面。随着活性污泥的出现，从第 6 天开始出现了较清晰的泥水分界面，并逐步呈现出成层沉淀特征，这一现象在 8～16 天内极为明显。随着反应器内 AGS 比例的增大，大部分絮状污泥仍以成层沉淀为主，但颗粒以自由沉淀形式快速沉降到反应器底部。随着 AGS 逐渐占据主导，第 36 天开始以 AGS 的自由沉淀为主，即停止曝气后单个 AGS 在数分钟内即沉到排水口以下。由于污泥絮凝性能的改善，前 6 天内 SVI 持续减小（105.63~15.69mL/g，图 10-4（a））。然而，7~37 天内 SVI

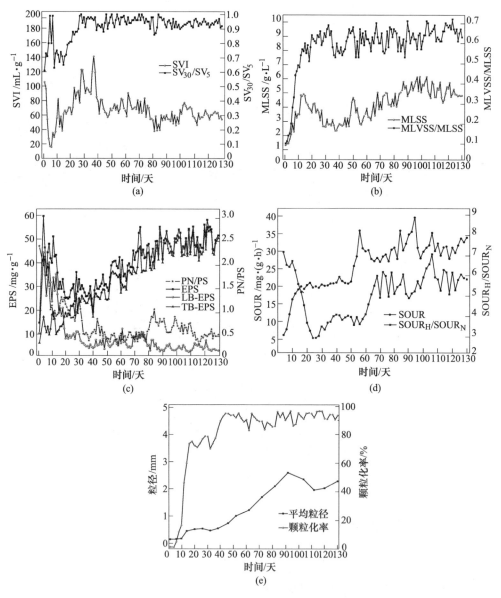

图 10-4　污泥理化性质变化

（a）SVI 和 SV_{30}/SV_5；（b）MLSS 和 MLVSS/MLSS；（c）EPS 和 PN/PS；

（d）SOUR 和 $SOUR_H/SOUR_N$；（e）粒径分布和颗粒化率

整体呈增大趋势 （29.67~140.98mL/g），推测是这段时间内较高的污泥负荷导致的污泥微膨胀所致。此后，随着绝大多数污泥实现颗粒化，SVI 迅速减小并逐渐趋于稳定，大部分时间保持在 50~70mL/g 之间。前 7 天内 SV_{30}/SV_5 整体呈增大趋势 （0.61~0.99），这主要是此时污泥量不大但新生活性污泥具有良好絮凝性能所致。但由于成层沉淀愈发明显，此后的 8 天内 SV_{30}/SV_5 变化平缓 （0.63~0.75）。随着沉降性能差的絮状污泥被排出反应器，16~28 天内 SV_{30}/SV_5 呈明显的增大趋势 （0.71~1.0），29 天开始 SV_{30}/SV_5 逐渐趋于稳定，一般在 0.90以上。

10.5.2 MLSS 及 MLVSS/MLSS

前 15 天内 MLSS 整体呈明显的增大趋势 （1.01~4.62g/L，图 10-4 （b））。但随着沉降时间的减小及排泥量的增大，16~38 天内 MLSS 整体呈减小趋势（4.02~2.05g/L）。随着绝大多数污泥实现颗粒化，39~121 天内 MLSS 整体呈缓慢增大趋势 （2.35~5.84g/L），此后 MLSS 逐渐趋于稳定，保持在 4.44~4.97g/L之间。1~32 天内 MLVSS/MLSS 整体呈迅速增大趋势 （0.08~0.67）。随着运行状态逐渐趋于稳定，此后 MLVSS/MLSS 变化不大，保持在 0.51~0.68 之间。

培养过程中通过污泥龄控制排泥量。前 5 天内由于污泥始终难以完全沉降，排水时大量污泥随出水排出，根据排泥高度估算出污泥龄为 2~4 天。为促进污泥生长，6~11 天内几乎不排泥，因而 MLSS 迅速增大。为加速好氧颗粒化进程，12~35 天内排泥高度控制在排水口以上 18cm 左右 （污泥龄在 6~9 天内），较大的排泥量导致 MLSS 持续减小。此后，由于反应器内形成了大量沉降性能良好的AGS，排泥量逐渐减小、MLSS 逐渐增大并趋于稳定。根据反应器内污泥量及出水 SS，估算出 72 天以后污泥量约 40~50 天。

10.5.3 EPS 及 PN/PS

前 4 天内污泥的 EPS 含量迅速增大 （图 10-4 （c）），这主要是高污泥负荷下富余碳源转化为 EPS 所致。5~39 天内 EPS 整体呈减小趋势 （44.64~21.95mg/g）。推测是在较大排泥量下，进水营养物质主要被用于细胞增殖，只有少部分被合成为EPS。随着运行条件趋于稳定，40~90 天内 EPS 整体呈增大趋势，91 天开始 EPS变化逐渐趋于平缓，保持在 42.08~56.39mg/g。前 88 天内 TB-EPS 整体呈增大趋势（4.36~52.64mg/g），89 天开始基本维持在 40~50mg/g 之间。LB-EPS 在前 4 天内迅速增大，5~91 天内 LB~EPS 整体呈减小趋势 （38.41~0.82mg/g），此后 LB-EPS的变化逐渐趋于平缓，一般不超过 4mg/g MLSS。前 11 天内过高的 LB-EPS 主要是微生物吸附大量有机物污染物所致，但随着污泥负荷的减小及 AGS 的形成，微生物通过分泌大量 TB-EPS 实现细胞之间的相互凝聚[12]，因而 TB-EPS 逐渐成为 EPS 的主要组成部分，这与观察到的大量紧密结合的细胞被惰性物质包裹相吻合。PN/PS 在前 37 天内整体呈减小趋势（2.31~0.32），此后 PN/PS 变化逐渐趋于平缓，一般不超过 0.5，表明 PS 对于 AGS 的形成及稳定性维持发挥了更重要的作用。

10.5.4　SOUR 及 SOUR$_H$/SOUR$_N$

前 50 天内 SOUR 变化不大，保持在 30~35mg/gh 之间，随后 6 天急剧上升后保持在 40~55mg/gh（10-4（d））。SOUR$_H$/SOUR$_N$ 在前 26 天内整体呈减小趋势（6.96~2.70），表明培养过程中硝化细菌的比例有了大幅提高。随着大部分污泥实现好氧颗粒化，28~68 天内 SOUR$_H$/SOUR$_N$ 整体呈增大趋势（2.82~5.79），推测是由于间歇式 A/O 交替运行模式引发大量慢速生长异养菌得到富集所致。此后，SOUR$_H$/SOUR$_N$ 变化趋于平缓，大部分时间保持在 5~6。

10.5.5　平均粒径及颗粒化率

第 1~92 天内污泥平均粒径整体呈增大趋势（0.15~2.60mm），此后平均粒径变化趋于平缓，保持在 1.96~2.36mm（图 10-4（e））。前 44 天内颗粒化率整体呈增大趋势（1.21%~94.87%）。此后，颗粒化率变化趋于平缓，大部分时间保持在 90% 以上，即反应器内 AGS 始终处于绝对优势地位，亦从侧面反映了系统十分稳定。

10.6　反应器对污染物的去除效果

10.6.1　COD 及 TP 去除效果

出水 COD 在前 45 天内波动较大（24.62~288.67mg/L，图 10-5（a）），表明污泥并未完全适应进水水质。46~77 天内出水 COD 变化不大，常保持在 70~110mg/L 之间。此后，出水 COD 变化逐渐趋于平缓，大部分时间保持在 70mg/L 以下，对应的 COD 去除率通常在 90% 以上。TP 去除效果如图 10-5（b）所示。前 32 天内的出水 TP 整体呈减小趋势（3.79~0.31mg/L），此后出水 TP 变化逐渐趋于平缓，大部分时间保持在 0.7mg/L 以下，对应的去除率通常在 90% 以上。

10.6.2　脱氮效果

前 80 天内出水氨氮整体呈减小趋势（32.04~1.12mg/L，图 10-5（c）），此后出水氨氮逐渐趋于稳定，始终保持在 1mg/L 以下。前 44 天内出水硝态氮变化不大，但 45~75 天内出水硝态氮整体呈增大趋势（5.31~33.88mg/L），此后其变化逐渐趋于平缓，大部分时间保持在 30~40mg/L 之间；相比之下，亚硝态氮变化较平缓，一般不超过 5mg/L。出水 TN 在前 15 天内整体呈减小趋势

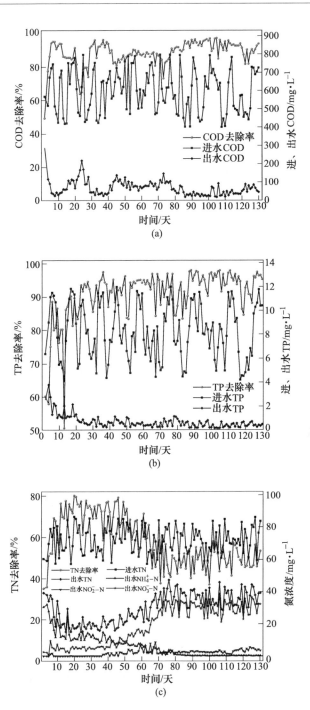

图 10-5　活性恢复期间污染物的去除效果

（a）出水 COD 及其去除率；（b）出水 TP 及其去除率；

（c）出水 TN、NH₄⁺-N、硝酸盐、亚硝酸盐及 TN 去除率

（39.20~15.08mg/L），对应的 TN 去除率保持增大趋势（35.11%~77.63%）。16~43 天内出水 TN 变化不大，一般在保持 17~22mg/L 之间，对应的去除率常在 70% 以上。由这段时期内各态氮变化可知同化作用是脱氮的主要途径，即营养物质主要用于细胞增殖。但由于硝态氮的积累，44~76 天内出水 TN 整体呈增大趋势（15.17~47.23mg/L），去除率逐渐减小至 40% 左右。此后，随着系统趋于稳定，出水 TN 变化趋于平缓，一般在 30~40mg/L 之间，对应的去除率则常在 40%~50% 之间。结果表明：随着硝化细菌的富集，同步硝化反硝化逐渐成为脱氮的主要途径，但由于缺乏反硝化碳源，这种作用十分有限，最终导致了 TN 较差的去除效果。

10.7 超声波对不同粒径 AGS 稳定性影响

10.7.1 超声功率对 AGS 稳定性影响

将反应器内颗粒化率首次超过 90% 时视为成功实现好氧颗粒化[13]，即经过 40 天筛选与淘汰，反应器内绝大多数污泥由絮体转化为 AGS。超声波功率对 AGS 稳定性影响如图 10-6（a）所示。41~43 天内通过超声破碎（功率为 5~15W，超声时间 10min，MLSS 为 2.39~2.47g/L）后颗粒化率变化研究不同粒径 AGS 的稳定性，为基于反应器稳定性维持的粒径调控提供依据。经超声破碎后，不同粒径的 AGS 的颗粒化率均出现不同程度的减小。除 15W 时 0.3~0.6mm 的 AGS 经超声破碎后的颗粒化率较高外（92.31%），其余 0.3~1.0mm 内 AGS 经超声破碎后的颗粒化率均明显减小，处在 48.48%~65.85% 之间。1~3mm 的 AGS 经破碎后的颗粒化率整体呈增大趋势，且均在 2.0~3.0mm 时取得最大值，但 3.0mm 以上 AGS 经超声破碎后颗粒化率则略有减小。结果表明：1.0mm 以下 AGS 抵抗超声破碎的能力最差，2~3mm 的 AGS 抵抗超声破碎的能力最强，其余粒径的 AGS 则介于两者之间。

10.7.2 污泥浓度对超声效果影响

不同超声功率下三条曲线变化趋势表明：超声功率对于 1.0mm 以上 AGS 的破坏程度的顺序为 10W 最强、5W 居中，15W 最弱。然而，由于混合液经筛分后各粒径范围内的 AGS 质量相差较大，颗粒浓度可能会对超声破碎结果产生干扰。因此，为进一步检验 2~3mm 的 AGS 的抗超声破碎能力，并探索污泥浓度对超声效果的影响，分别研究了 10W 下不同浓度 AGS 的超声破碎后颗粒化率变化，如图 10-6（b）所示。分别取 20mL、30mL、40mL、50mL、60mL、80mL、90mL 及 100mL 泥水混合液，依次经 3mm 及 2mm 标准筛过滤后获得不同质量的 2~3mm 的 AGS，分别定容至 100mL 后用于超声破碎。结果发现：除 50mL 及 60mL 时超声破碎后 AGS 的颗粒化率明显较低外（67.92% 及 56.20%），其他浓度下 AGS 经破碎后的颗粒化率基本保持在 80%～90% 之间。污泥超声破碎是一个复杂的过程，受污泥浓度、超声时间、超声功率等因素的影响[14,15]。推测，当样品为 50～60mL 混合液时，热效应、空化效应和机械效应的叠加后更为明显，导致 50mL 和 60mL 的 AGS 超声破碎实验后的颗粒化率明显低于其他浓度。测试结果与前期超声效果相似。因此，研究结果不仅表明前期测试结果是可信的，亦再次证明 2～3mm 的 AGS 具有最佳结构稳定性。

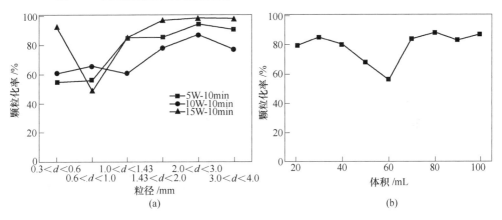

图 10-6　超声波功率对 AGS 稳定性影响（a）及污泥浓度对超声效果的影响（b）

10.8　不同粒径的 AGS 的活性

不同粒径的 AGS 的自养菌活性相差不大（图 10-7），均为 0.85～1.07mg/gh 之间，与其他研究者观察到的 AGS 自养菌活性一致[16~18]。当粒径小于 3mm 时，

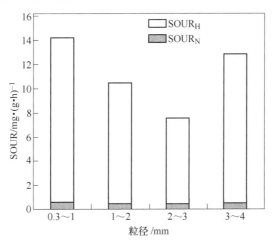

图 10-7　不同粒径的 AGS 活性

随粒径增加，传质阻力增加，$SOUR_H$ 降低，粒径大于 3mm 的颗粒 $SOUR_H$（23.67mg/（g·h））仅低于 0.3~1mm 的 $SOUR_H$（24.29mg/（g·h））。而 2~3mm 的颗粒 $SOUR_H$（13.69mg/（g·h））远低于其他粒径的生物活性。这意味着 2~3mm 的 AGS 对污染物的转化率和利用速率最慢，因此粒径容易维持稳定。运行过程中的 AGS 处于颗粒化及解体两种机制共同作用下，当 AGS 的粒径较小时倾向于继续颗粒化，但当 AGS 粒径超过一定限度时由于传质阻力增大更倾向于解体[5,11]，因而中等粒径的 AGS 更容易达到颗粒化与解体之间的动态平衡。试验结果与监测到的 2~3mm 的 AGS 具有最强抵抗超声破碎能力向吻合，故有理由认为 2~3mm 的 AGS 即为稳定性最佳粒径范围。

10.9 粒径控制对中试 SBR 稳定性影响

通过逐步缩短沉降时间，培养过程中 0~0.3mm 的污泥比例迅速减小，46 天以后基本保持在 10% 以内。除 2~3mm 的 AGS 外，其他粒径的 AGS 基本是呈先增大后减小趋势。前 38 天内 2~3mm 的 AGS 比例始终在 3% 以下。为提高 2~3mm 的 AGS 在反应器中的比例，从第 44 天开始每两天取 500mL 泥水混合液进行人工筛分，2~3mm 的 AGS 筛分后回流至反应器内，而其他粒径的 AGS 则储存备用。此后，反应器内 2~3mm 的 AGS 的比例不断增加，82 天开始保持在 40% 以上（40.63%~49.53%），明显高于其他粒径 AGS 所占比例（最大不超过 17%），如图 10-8 所示。与 Long 等人[11] 没有进行选择性排泥相比实验相比，在第 44 天运行进行人工筛分回流至 130 天实验结束后的 86 天内只有 11 天观察到了 1~2 个黑色厌氧内核颗粒存在，通过选择性排泥有效抑制了厌氧内核生成，提高了系统

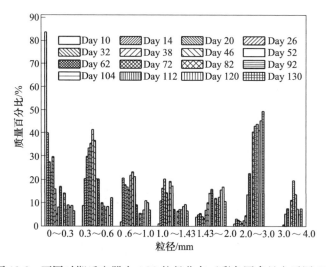

图 10-8 不同时期反应器内 AGS 粒径分布（彩色图参见之后图 18）

稳定性。结合运行过程中 AGS 的理化特性及对污染物的去除效果可知，通过人工筛分不断提高 2~3mm 粒径的 AGS 在反应器内的比例可以大大增强系统的稳定性，不仅证明了粒径对于 AGS 的稳定性有显著影响，亦为 AGS 的稳定性维持提供了一种新思路。

除粒径外，研究者发现颗粒的一些理化特性也与 AGS 稳定性密切相关[18]，比如生长速率、EPS 成分、群体感应、无机盐含量。然而，这些性质多于反应器的类型与运行模式密切相关，并且调节控制并不如物理筛选方面。在实际运行中，粒径分布在操作期间并不是处于静态，可随操作条件而变化。而仅通过自然选择能否将特定粒径的 AGS 富集或者富集至所需水平存在许多不确定性，而相关研究[5,19~21]也证实了这一猜想。通过人工筛分特定粒径回流，可以克服自然选择的不确定性并精确实现所需粒径颗粒富集，从而提高系统稳定性。

参 考 文 献

[1] Franca R D G, Pinheiro H M, Loosdrecht M C M V, et al. Stability of aerobic granules during long-term bioreactor operation [J]. Biotechnology Advances, 2018, 36 (1): 228-246.

[2] Mario S M, José L C, Albert M, et al. Moving forward in the use of aerobic granular sludge for municipal wastewater treatment: an overview [J]. Reviews in Environmental Science and Biotechnology, 2019, 18 (4): 741-769.

[3] 唐朝春，简美鹏，刘名，等. 强化好氧颗粒污泥稳定性的研究进展 [J]. 化工进展，2013, 32 (4): 919-924.

[4] Zheng Y M, Yu H Q, Liu S J, et al. Formation and instability of aerobic granules under high organic loading conditions [J]. Chemosphere, 2006, 63: 1791-1800.

[5] Verawaty M, Tait S, Pijuan M, et al. Breakage and growth towards a stable aerobic granule size during the treatment of wastewater [J]. Water Research, 2013, 47: 5338-5349.

[6] Bella G D, Torregrossa M S. Imultaneous nitrogen and organic carbon removal in aerobic granular sludge reactors operated with high dissolved oxygen concentration [J]. Bioresource Technology, 2013, 142: 706-713.

[7] Toh S K, Tay J H, Moy B Y P, et al. Size-effect on the physical characteristics of the aerobic granule in a SBR [J]. Applied Microbiology and Biotechnology, 2003, 60 (6): 687-695.

[8] Yang S F, Tay L H, Liu Y. Growth kinetics of aerobic granules developed in sequencing batch reactors [J]. Letters in Applied Microbiology, 2004, 38: 106-112.

[9] Su K Z, Yu H Q. Formation and characterization of aerobic granules in a sequencing batch reactor treating soybean-processing wastewater [J]. Environmental Science and Technology, 2005, 39: 2818-2827.

[10] Zhou J H, Zhang Z M, Zhao H, et al. Optimizing granules size distribution for aerobic

granular sludge stability: Effect of a novel funnel-shaped internals on hydraulic shear stress [J]. Bioresource Technology, 2016, 216: 562-570.

[11] Long B, Yang C, Pu W, et al. Tolerance to organic loading rate by aerobic granular sludge in a cyclic aerobic granular reactor [J]. Bioresource Technology, 2015, 182: 314-322.

[12] Adav S S, Lee D J, Tay J H. Extracellular polymeric substances and structural stability of aerobic granule [J]. Water Research, 2008, 42: 1644-1650.

[13] Long B, Yang C Z, Pu W H, et al. Rapid cultivation of aerobic granule for the treatment of solvent recovery raffinate in a bench scale sequencing batch reactor [J]. Separation and Purification Technology, 2016, 160: 1-10.

[14] Pilli S, Bhunia P, Yan S, Leblanc R J, et al. Ultrasonic pretreatment of sludge: a review [J]. Ultrasonics Sonochemistry, 2011, 18: 1-18.

[15] Tyagi V K, Lo S L, Appels L, et al. Ultrasonic treatment of waste sludge: a review on mechanisms and applications [J]. Critical Reviews in Environmental Science and Technology, 2014, 44: 1220-1288.

[16] Tsuneda S, Nagano T, Hoshino T, et al. Characterization of nitrifying granules produced in an aerobic upflow fluidized bed reactor [J]. Water Research, 2003, 37: 4965-4973.

[17] Lotti T, Kleerebezem R, Hu Z, et al. Pilot scale evaluation of anammox-based mainstream nitrogen removal from municipal wastewater [J]. Environmental technology, 2015, 36: 1167-1177.

[18] Winkler M K H, Le Q H, Volcke E I P. Influence of partial denitrification and mixotrophic growth of NOB on microbial distribution in aerobic granular sludge [J]. Environmental Science and Technology, 2015, 49: 11003-11010.

[19] Li Z H, Kuba T, Kusuda T. Selective force and mature phase affect the stability of aerobic granule: an experimental study by applying different removal methods of sludge [J]. Enzyme and Microbial Technology, 2006, 39: 976-981.

[20] Zhang C, Zhang H, Yang F. Diameter control and stability maintenance of aerobic granular sludge in an A/O/A SBR [J]. Separation and Purification Technology, 2015, 149: 362-369.

[21] Zhu L, Yu Y, Dai X, et al. Optimization of selective sludge discharge mode for enhancing the stability of aerobic granular sludge process [J]. Chemical Engineering Journal, 2013, 217: 442-446.

附录 名词缩写

AGS：aerobic granular sludge，好氧颗粒污泥

AGSBR：序批式好氧颗粒污泥反应器

AOB：氨氧化菌

AUSB：aerobic upflow sludge bed reactors，连续流上流式好氧污泥床反应器

COD：chemical oxygen demand，化学需氧量，mg/L

DO：dissolved oxygen，溶解氧，mg/L

EPS：extracelluler polymer substances，胞外聚合物，单位质量污泥（文中以MLSS 计）内提取的胞外聚合物含量，mg/g

F/M：污泥负荷或食微比，反应器内污染物与微生物质量之比

LB-EPS：松散结合型 EPS，mg/g

MLSS：mixed liquid suspended solids，混合液悬浮固体浓度，mg/L

MLVSS：mixed liquid volatile suspended solids，混合液挥发性悬浮固体浓度，mg/L

MSDDF：municipal sludge deep dewatering filtrate，市政污泥深度脱水滤液

NLR：nitrogen loading rate，氮负荷，每天单位反应器容积能去除的总氮质量，$kg/(m^3 \cdot d)$

NH_4^+-N：氨氮，mg/L

NOB：亚硝酸盐氧化菌

OLR：organic loading rate，有机负荷，每天单位反应器容积能去除的污染物量（文中以 COD 计），$kg/(m^3 \cdot d)$

ORP：oxidation-reduction potential，氧化还原电位，mV

PN：proteins，胞外蛋白质，mg/g

PS：polysaccharides，胞外多糖，mg/g

SOUR：specific oxygen uptake rate，比耗氧速率，单位质量污泥（文中以MLSS 计）在测定时间内消耗的氧量，$mg/(g \cdot h)$

$SOUR_H$：异养菌比耗氧速率，$mg/(g \cdot h)$

$SOUR_N$：硝化细菌比好氧速率，$mg/(g \cdot h)$

$SOUR_{NH_4}$：氨氧化菌比耗氧速率，$mg/(g \cdot h)$

$SOUR_{NO_2}$：亚硝酸盐氧化菌活性，$mg/(g \cdot h)$

SBR：sequencing batch reactor，序批式反应器

SEM：scanning electron microscope，扫描电镜

SGV：superficial gas velocity，表观上升气速

SS：suspended solids，悬浮物，mg/L

SV：solid volume，污泥体积,%

SVI：sludge volume index，污泥体积指数，mL/g

SRR：solvent recovery raffinate，溶剂回收残液

TB-EPS：紧密结合型 EPS，mg/g

TIN：total inorganic nitrogen，总无机氮，为氨氮、硝态氮及亚硝态氮含量之和，mg/L

TN：total nitrogen，总氮，mg/L

TP：total phosphorous，总磷，mg/L

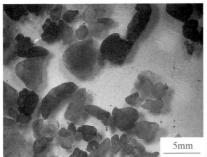

图 1　形状不规则的 AGS

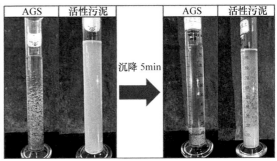

图 2　AGS 及活性污泥沉降性能对比

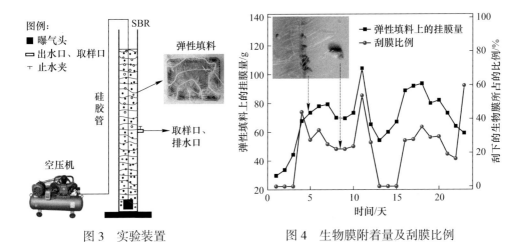

图 3　实验装置

图 4　生物膜附着量及刮膜比例

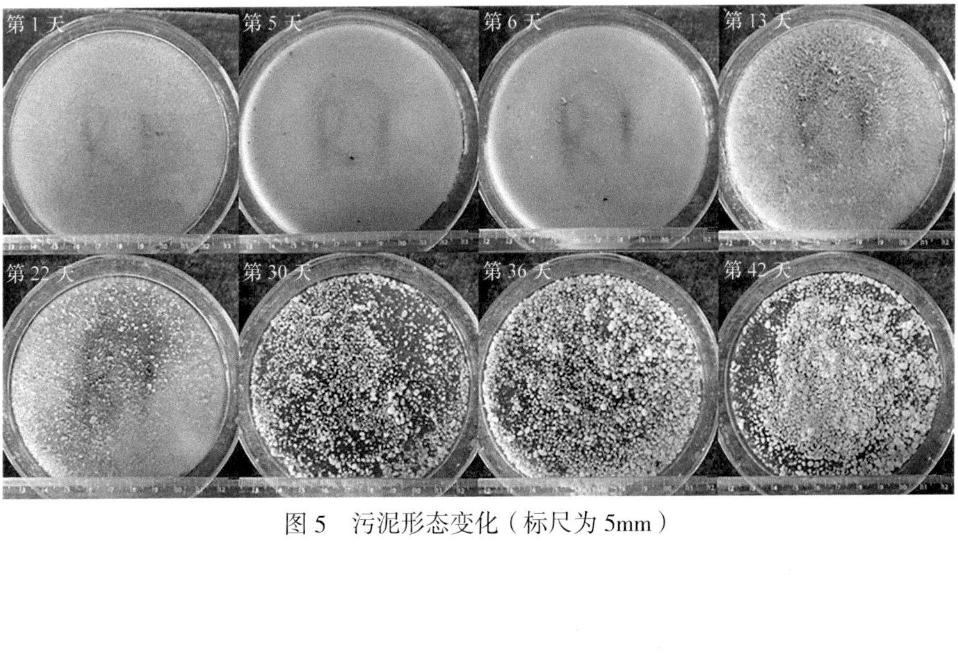

图 5　污泥形态变化（标尺为 5mm）

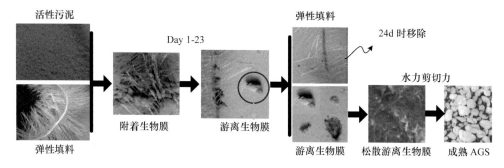

图 6　好氧颗粒污泥快速形成机理

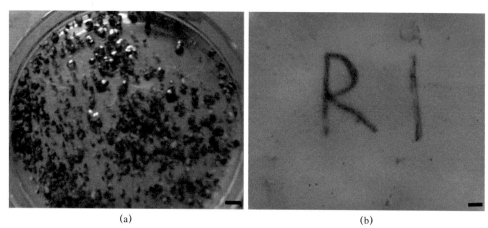

图 7　接种污泥（标尺为 5mm）

（a）厌氧颗粒污泥；（b）活性污泥

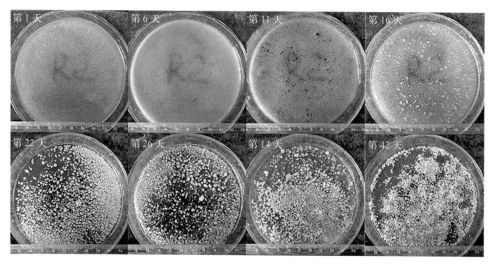

图 8　污泥形态变化（标尺为 5mm）

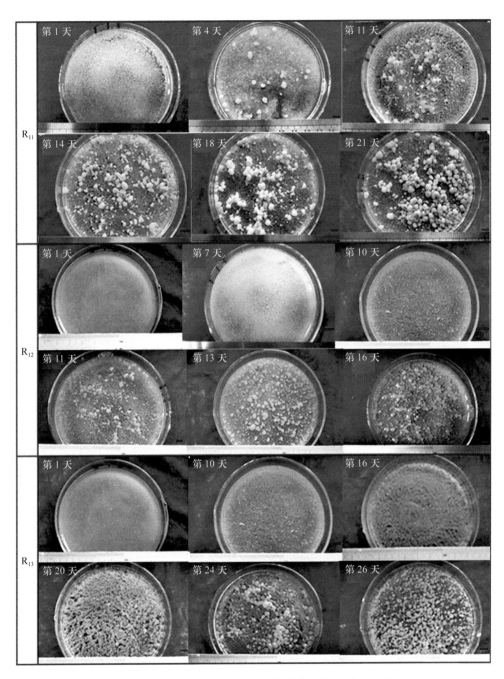

图 9　R_{11}、R_{12} 及 R_{13} 的污泥形态变化（标尺为 5mm）

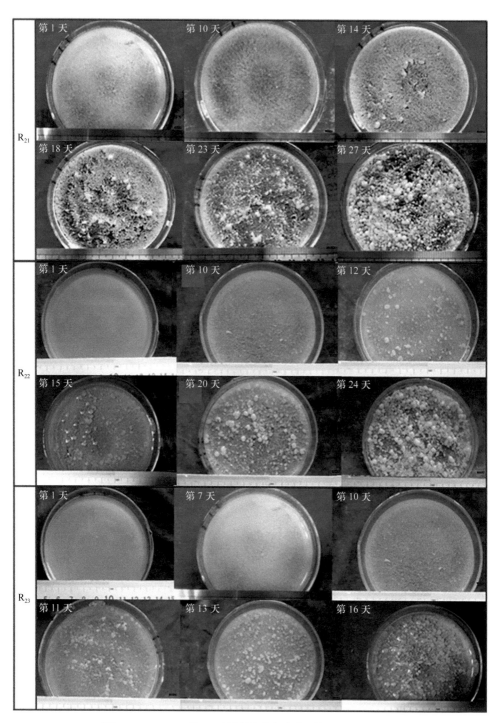

图 10 R_{21}、R_{22} 及 R_{23} 的污泥形态变化（标尺为 5mm）

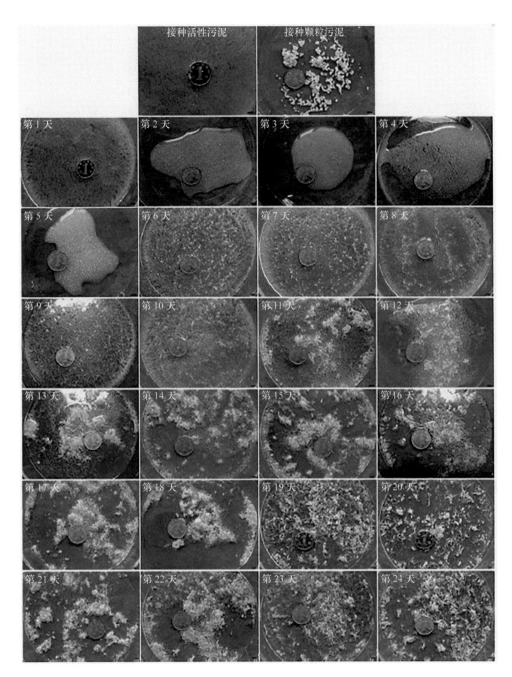

图 11　培养过程中污泥宏观形态变化（标尺为 5 mm）

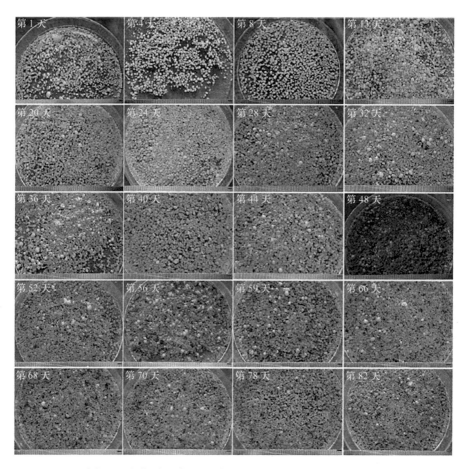

图 12　驯化过程中 AGS 宏观形态变化（标尺为 5mm）

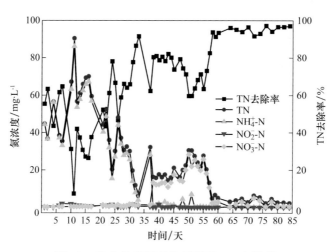

图 13　出水各态氮变化情况及 TN 去除率

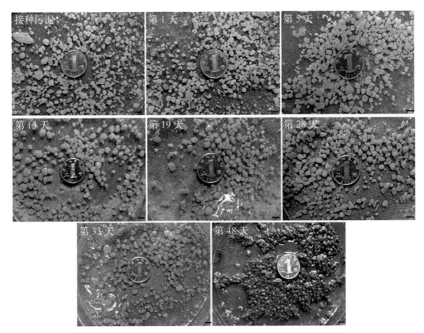

图 14　驯化过程中污泥宏观形态变化（标尺为 5mm）

图 15　驯化过程中污泥形态变化（标尺为 5mm）

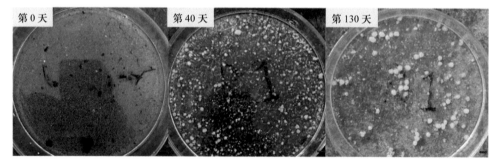

图 16　污泥形态变化第 0 天、40 天、130 天（标尺为 5mm）

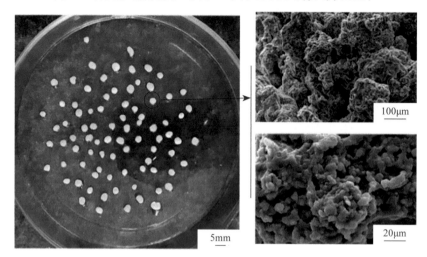

图 17　污泥形态变化第 130 天 SEM 图（标尺为 5mm）

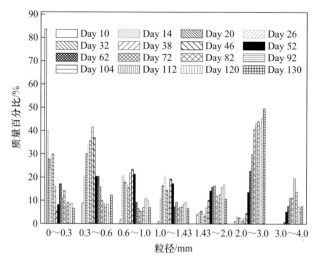

图 18　不同时期反应器内 AGS 粒径分布